桥架型起重机械先进检测技术

贾　森　主编

黄河水利出版社
·郑州·

图书在版编目(CIP)数据

桥架型起重机械先进检测技术/贾森主编.—郑州:
黄河水利出版社,2022.11
ISBN 978-7-5509-3445-0

Ⅰ.①桥… Ⅱ.①贾… Ⅲ.①桥架-起重机械-检测
Ⅳ.①TH2

中国版本图书馆 CIP 数据核字(2022)第 216834 号

策稿编辑:张倩　　　电话:13837183135　　　QQ:995858488

出 版 社:黄河水利出版社　　　　　　　　　　网址:www.yrcp.com
　　　　　地址:河南省郑州市顺河路黄委会综合楼 14 层　　邮政编码:450003
发行单位:黄河水利出版社
　　　　　发行部电话:0371-66026940、66020550、66028024、66022620(传真)
　　　　　E-mail:hhslcbs@ 126.com
承印单位:河南瑞之光印刷股份有限公司
开本:787 mm×1 092 mm　　1/16
印张:9.25
字数:214 千字
版次:2022 年 11 月第 1 版　　　　　　　　印次:2022 年 11 月第 1 次印刷

定价:78.00 元

前　言

　　品种多样的起重机械是工业现代化的典型特征,其应用在机械、建筑、港口、化工、冶金等各行各业,近年来桥架型起重机的数量增长迅速,具有很大的市场占有率,与人们的生产生活联系更加紧密,其安全使用受到了广泛关注。起重机在制造及安装过程中由于本身固有缺陷及使用过程中的过载、疲劳等因素都会对起重机的安全使用造成影响,在生产、安装和使用过程中对起重机的参数状态进行检测研究,及时准确地掌握起重机的安全状态便十分重要。为及时发现和消除安全隐患,满足制造和安装企业以及检测行业的实际需要,依据桥架型起重机的特点,编者在多年从事桥架型起重机检测技术研究的基础上,并结合行业检测技术发展方向,编写了此检测技术类书籍,供桥架型起重机在生产、使用和检测技术研究活动中参考。本书以现行的标准和特种设备安全技术规范为基础,梳理了桥架型起重机相关的先进检测技术,如电动葫芦试验台、振动检测技术、激光跟踪测试技术、无损检测技术等,这些先进检测技术都在桥架型起重机检测领域中发挥了重要作用,与以往检测技术类书籍相比,本书注重检测技术的工程应用性、先进性和适用性,注重理论与实际相结合。

　　本书一共分为五章,第 1 章为桥架型起重机基本知识与检测项目,第 2 章到第 4 章分别从结构健康检测、无损检测和故障诊断技术、桥架型起重机检测平台和专用设备三个方面对桥架型起重机的一些先进检测技术、工作原理、仪器设备及应用案例等内容进行梳理介绍,作为补充还在第 5 章对量值溯源与不确定度的相关知识进行了介绍。因此,该书适用于对桥架型起重机检测技术熟知程度不同的各类人群。

　　本书由河南省特种设备安全检测研究院贾森同志主编。本书中的部分内容是河南省特种设备安全检测研究院在多年科学研究和检测技术发展中取得的先进经验总结,一些成果和产出在国家桥架类及轻小型起重机械质量检验检测中心(河南)的建设和运行过程中获得了良好的应用。本书各章节均由河南省特种设备安全检测研究院的技术人员负责编写,其中,第 1 章由刘彦楠、李会丽同志负责编写,第 2 章由贾森、仝沛源同志负责编写,第 3 章由李娟娟、林发伟同志负责编写,第 4 章由杜鑫、王国防同志负责编写,第 5 章由夏涵泊、李清允同志负责编写,全书由贾森同志统稿,此外在资料收集、技术调研、图表绘制和内容编写工作中,得到了国家知识产权局专利局专利审查协作河南中心熊亚飞同志、河南新科起重机股份有限公司段安智同志、河南省矿山起重机有限公司李峰同志的大力支持,在此向本书参与编写的全体人员表示由衷的感谢。本书受到了河南省市场监督管理局科技计划项目(2020sj75)的基金支持。

本书在编写过程中参考了众多相关教材书籍,由于文献较多,未能一一列出,在此向原作者们表示感谢。由于时间仓促和水平有限,相关技术也在不断发展和创新当中,书中的错误和不当之处在所难免,敬请专家和读者批评指正。

编 者

2022 年 6 月 23 日

目　录

第 1 章　桥架型起重机基本知识与检测项目

　　起重机是指用吊钩或其他取物装置吊挂重物,在空间进行升降与运移等循环性作业的机械。它是现代工业生产中不可或缺的设备,可以显著提高生产效率,减少体力劳动强度,因此被广泛应用于物料和人员的起重、运输、装卸等各个环节。按照金属结构不同,起重机主要分为桥架型起重机(桥式、门式起重机等)、臂架型起重机(塔式、门座式、铁路式、浮船式、桅杆式起重机等)、缆索型起重机等。其中,桥架型起重机由于其承载能力大、稳定性好、适用性强等特点,是目前起重机械中应用最为广泛的一类起重机。

1.1　桥架型起重机基础知识

　　桥架型起重机,英文一般翻译为"overhead type crane",是指"其取物装置悬挂在能沿桥架运行的起重小车、葫芦或臂架起重机上的起重机"《起重机　术语　第 1 部分:通用术语》(GB/T 6974.1—2008)。桥架型起重机与一般起重机相比,具有明显的金属结构特征,主要表现为其主梁(可以是单根,也可以是多根平行)结构为直线型或门型桥架。

1.1.1　桥架型起重机分类

　　桥架型起重机包含很多类别,根据其结构形式不同,主要分为桥式起重机、门式起重机和半门式起重机,其中半门式起重机运行环境和工况与门式起重机类似,主要区别仅为其中一侧的桥架梁是直接支撑在轨道上运行的,在监管使用当中,也将其视为门式起重机的一种。

　　桥式起重机是使用最为普遍的一种起重机械,多用于车间、仓库等处。它架设在建筑物固定跨间支柱的轨道上,其桥架梁通过运行装置直接支撑在轨道上(见图 1-1)。通俗说法一般称其为"行车"。

　　桥式起重机又有很多不同的品种,常见的主要有通用桥式起重机、电动葫芦桥式起重机、电动单梁起重机等。

　　门式起重机是桥式起重机的一种变形,它与桥式起重机的主要区别在于,在主梁的两端有两个高大支撑腿,沿着地面上的轨道运行,桥架梁通过支撑腿支撑在轨道上(见图 1-2)。通俗说法一般称其为"龙门吊"。

　　门式起重机又有很多不同的品种,常见的主要有通用门式起重机、集装箱门式起重机、造船门式起重机、装卸桥等。

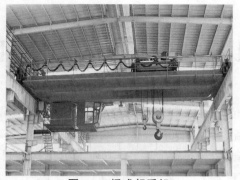

图 1-1　桥式起重机

图 1-2　门式起重机

　　根据国家质检总局 2014 年第 114 号公告的规定,特种设备中所指的起重机械,是指用于垂直升降或者垂直升降并水平移动重物的机电设备,其范围规定为额定起重量大于或者等于 0.5 t 的升降机;额定起重量大于或者等于 3 t(或额定起重力矩大于或者等于 40 t·m 的塔式起重机,或生产率大于或者等于 300 t/h 的装卸桥),且提升高度大于或者等于 2 m 的起重机;层数大于或者等于 2 层的机械式停车设备。因此,在这个范围内的桥式、门式起重机都属于特种设备,应当依法纳入特种设备管理体系。

　　我国对起重机械按照目录进行监管,如表 1-1 所示,将桥式起重机分为一个大类,下面包含 6 个品种,分别是通用桥式起重机、防爆桥式起重机、绝缘桥式起重机、冶金桥式起重机、电动单梁起重机、电动葫芦桥式起重机;将门式起重机分为一个大类,下面包含 9 个品种,分别是通用门式起重机、防爆门式起重机、轨道式集装箱门式起重机、轮胎式集装箱门式起重机、岸边集装箱起重机、造船门式起重机、电动葫芦门式起重机、装卸桥、架桥机。

表 1-1　特种设备目录(桥式和门式起重机)

代码	种类	类别	品种
4000	起重机械	起重机械,是指用于垂直升降或者垂直升降并水平移动重物的机电设备,其范围规定为额定起重量大于或者等于 0.5 t 的升降机;额定起重量大于或者等于 3 t(或额定起重力矩大于或者等于 40 t·m 的塔式起重机,或生产率大于或者等于 300 t/h 的装卸桥),且提升高度大于或者等于 2 m 的起重机;层数大于或者等于 2 层的机械式停车设备	
4100		桥式起重机	
4110			通用桥式起重机
4130			防爆桥式起重机
4140			绝缘桥式起重机
4150			冶金桥式起重机
4170			电动单梁起重机

续表 1-1

代码	种类	类别	品种
4190			电动葫芦桥式起重机
4200		门式起重机	
4210			通用门式起重机
4220			防爆门式起重机
4230			轨道式集装箱门式起重机
4240			轮胎式集装箱门式起重机
4250			岸边集装箱起重机
4260			造船门式起重机
4270			电动葫芦门式起重机
4280			装卸桥
4290			架桥机

1.1.2　桥架型起重机基本构造

桥架型起重机主要由金属结构、机械运行机构、电气部分、安全防护装置等几部分组成。

1.1.2.1　金属结构

金属结构是起重机的骨架,所有机械、电气设备均装于其上,是起重机的承载结构并使起重机构成一个机械设备的整体,具有足够抵抗变形的刚度和抵抗断裂的强度,由主梁、端梁、支腿、栏杆、走台、司机室等组成。

1. 主梁

从结构上区分,主梁有箱形主梁和桁架主梁等形式。箱形主梁由板材焊接而成,应用最为广泛;桁架一般由型钢焊接而成。

箱形主梁和桁架主梁的区别有以下几个方面:同样条件下,桁架结构梁比箱形结构梁强度高,但节点处易出现应力集中,甚至裂纹;箱形结构相对重些;箱形结构制造方便;箱形结构可以使用角型轴承箱,与端梁之间连接有应力集中,容易产生裂纹。

1)主梁的上拱度

主梁是一种弹性结构,在载荷作用下将产生下挠变形,当载荷卸下后,变形会消失,梁又恢复原来状态。为了防止小车产生爬坡现象,增加运行阻力和引起结构振动,补偿和消除下挠变形,当桥架跨度较大时,会将主梁预制成上拱形,把从主梁上表面水平线至跨度中点上拱曲线的距离叫作上拱度。

主梁具有上拱度,主要可减少主梁在承受载荷时向下的变形值,使小车轨道有最小的倾斜度,从而减少小车运行时的阻力,避免小车出现爬坡或溜车现象,改善小车的运行性能;对于大车运行机构为集中驱动的天车,由于上拱度能抵消桥架向下变形的影响,因而可以改善天车的运行性能;上拱度可增强主梁的承载能力,使主梁的受力状况得到改善。

2)主梁的下挠

下挠,就是主梁产生的向下弯曲的永久变形,从原始高度算起。下挠有弹性下挠和永久下挠两种,弹性下挠指起重机吊负荷前后,主梁挠度的弹性变形;永久下挠指无法恢复的变形。

主梁下挠的影响:

(1)对小车运行机构的影响。起重机桥梁在空载时主梁已经下挠,负载后小车轨道将产生较大的坡度。小车由跨中开往两端时不仅要克服正常运行的阻力,而且要克服爬坡的附加阻力。据粗略计算,当主梁下挠值达到一定程度时,小车运行附加阻力将明显增大,另外,小车运行时还难以制动,制动后会出现滑移的现象。这对于需要准确定位的起重机影响很大,严重的将会使起重机无法使用。

(2)对大车运行机构的影响。大车运行机构采用集中传动的,在安装时具有一定的上拱度。目前采用的齿轮联轴器允许转角为0°～30°,但是这允许量已被安装和调整利用了一部分,若传动机构随主梁和走台大幅度的下挠,便会引起联轴器牙齿折断,使传动轴扭弯或者连接螺栓断裂。

(3)对小车的影响。两根主梁的下挠程度不同,小车的四个车轮不能同时与轨道接触,便产生小车的"三条腿"现象。这时小车架受力不均,小车运行受阻。

因此,一般对新制造或安装的桥架型起重机,需要测量主梁的上拱度与下挠度。

2. 端梁和支腿

端梁由板梁或桁架、车轮组等组成,是支撑主梁的构架。端梁两端装有车轮,用以支承桥架在轨道上运行。门式起重机除了端梁,还需要支腿来支撑主梁,一般有刚性支腿(固定于桥架上,形成一个稳定、灵活的框架的单支腿或双支腿)和柔性支腿(用铰轴连接到门架上的单支腿或双支腿)。

3. 栏杆和走台

对于较大吨位的起重机,为便于使用者和维修人员到达司机室和小车的检修位置,会设置栏杆和走台。对于室外工作的起重机,通道与平台上应采取防水技术措施。通道与平台踏板应具有防滑性能。斜梯高度大于10 m时,每隔5～10 m应设休息平台。

4. 司机室

桥架型起重机的操作方式分为地面手柄操作、无线遥控操作和司机室操作三种,可以采用其中一种或者几种的组合,但是同时只能进行一种操作方式。

司机室又叫驾驶室,是起重机的吊仓。内有大、小车和起升机构的操纵系统、保护装置、总控制箱及电气保护装置等。司机室应设门锁、灭火器和电铃(或报警器),必要时还应设置通信联络装置。司机室的设置应使司机便于操作,应保证司机在面向吊具服务区域或面向起重机行走方向时,所有操作手柄均在司机的操控范围内。司机室的布置应保证吊具在服务区域内任何位置均可被司机看到,如果司机看不到位于特定设计位置的吊具,应采取辅助措施让司机间接看到或了解到吊具位置。

1.1.2.2 机械运行机构

机械运行机构一般由大车运行机构、小车运行机构、起升机构和制动装置等组成。

1. 大车运行机构

大车运行机构通过驱动大车的车轮沿轨道运行,从而使整个桥架型起重机向目的方向行走,大车运行机构由电动机、减速器、传动轴、联轴器、制动器、角型轴承箱和车轮等零部件组成,其车轮通过角型轴承箱固定在桥架的端梁上。电动机通电后产生电磁转矩,通过制动轮联轴器及浮动轴,传递到减速器,经过齿轮传动减速,由其输出轴再通过联轴器带动大车车轮沿轨道顶面滚动,从而使大车运行。

大车运行机构的传动机构分为集中驱动和分别驱动两种形式。集中驱动就是由一台电动机通过传动轴驱动大车两边的主动轮;分别驱动就是由两台电动机分别驱动大车两边的主动轮。

2. 小车运行机构

小车运行机构包括驱动、传动、支承和制动等装置。小车的 4 个车轮(其中半数是主动车轮)固定在小车架的四角,车轮一般是带有角型轴承箱的成组部件。运行机构的电动机安装在小车架的台面上,当电动机轴和车轮轴不在同一水平面时,可以使用立式三级圆柱齿轮减速器。在电动机轴与车轮轴之间,用全齿轮联轴器或带浮动轴的半齿轮联轴器连接,以补偿小车架变形及安装的误差。

3. 起升机构

起升机构是用来实现货物升降的,它是桥架型起重机中最基本的机构。起升机构主要由驱动装置、传动装置、卷绕装置、取物装置及制动装置等组成。此外,根据需要还可装设各种辅助装置,如限位器、起重量限制器等。起升机构分为单钩起升机构和双钩起升机构。

起升机构工作原理是:电动机通电后产生电磁转矩,通过联轴器和传动轴输入到减速器的高速轴上,经减速器齿轮传动减速,带动卷筒作定轴转动,使带有取物装置的钢丝绳在其上绕入或绕出,从而使吊物做上升或下降运动。为了使吊物能停滞在空间任意位置而不溜钩,在减速器输入轴端装有制动轮及制动器,一般起升机构都安装有两套制动器。

起重量超过 10 t 的桥架型起重机上,有时也会设主、副两套起升机构。主起升机构起重量大;副起升机构起重量小,但速度快,常用来吊较轻货物或作辅助性工作,从而提高工作效率。

4. 制动装置

制动装置是保证起重机安全正常工作的重要部件。在吊运作业中,制动装置用以防止悬吊的物品或吊臂下落,防止转台或起重机在风力或坡道分力作用下滑动;或使运转着的机构降低速度,最后停止运动;也可根据工作需要夹持重物运行;特殊情况下,通过控制动力与重力的平衡,调节运动速度。

动力驱动的桥架型起重机,其起升、运行机构都必须装设制动器。对分别驱动的运行机构制动器,其制动器动力矩应相等,避免引起桥架运行歪斜,车轮啃轨。按照操作情况的不同,制动器分为常闭式、常开式和综合式三种型式。起重机上多数采用常闭式制动器。常闭式制动器在机构不工作期间是闭合的。欲使机构工作,只需通过松闸装置将制动器的摩擦副分开,机构即可运转。

起重机上采用的制动器,按其构造形式分为块式制动器、带式制动器、盘式制动器和圆锥式制动器等。

1.1.2.3　电气部分

电气部分主要由电气设备和电气回路组成。

1. 电气设备

电气设备由各机构电动机、控制电器及保护电器等组成。

(1)电动机。起重机采用的电动机应具有较高的机械强度和较大的过载能力。常用的是绕线式异步电动机和鼠笼式电动机。

(2)控制电器。有控制器(主令控制器、凸轮控制器、联动控制台等)、接触器、继电器、电阻器、操作开关等。

(3)保护电器。有过电流继电器、紧急开关、熔断器、安全联锁开关、位置和行程限位器等。

对于有防爆性能要求和绝缘性能要求的桥架型起重机,其电气设备的选择应符合相关标准规定。

2. 电气回路

电气回路由主回路、控制回路、照明信号回路三部分组成。

1) 主回路

主回路是直接驱使各机构电动机运转的电路,定子回路和转子回路组成了起重机的主回路。定子回路就是电动机定子与电源间的电路,作用是控制电动机正反转。转子回路包括附加电阻元件与控制器连接的电路。电阻器的接线方式有平衡接线方式和不平衡接线方式之分。一般地,平衡接线方式用于主令控制器的转子回路中,不平衡接线方式用于凸轮控制器控制的转子回路中。

2) 控制回路

控制回路是把不同种类的电气元件连接在一起使最终动力行为按照预期效果运行的电路。包括零位保护部分、过电流保护及安全限位部分、各种开关保护等。

3) 照明信号回路

照明信号回路是为起重机的操作人员及工作人员提供照明和信号警示等的电路。照明信号回路由专用变压器供电,照明电压为 220 V,手提工作灯、操作室照明及电铃等均采用低压电源,以确保安全;照明信号回路由刀开关控制,并有熔断器做短路保护之用;照明变压器的次级绕组必须进行可靠接地保护。

1.1.2.4　安全防护装置

1. 起重量限制器

起重机应装设起重量限制器,常见的有机械式超载限制器、液压式超载限制器、电子式超载限制器等。当实际起重量超过95%额定起重量时,起重量限制器发出报警信号,在100%~110%的额定起重量之间时,起重量限制器起作用,此时应自动切断起升动力源,但允许物品作下降运动。

2. 起升高度限位器

起升机构应设置起升高度限位器。当取物装置上升到设计规定的起升高度时,应能自动切断起升的动力源。需要时,还应设下降深度限位器,当取物装置下降到设计规定的下极限位置时,应能自动切断下降的动力源。

3. 运行行程限位器

运行行程限位器主要通过极限位置限制器实现车体在允许制动距离内停车,避免硬性碰撞止挡装置时对运行的车体产生过度的冲击。极限位置限制器由限位开关和安全尺式撞块组成,其工作原理是:当车体运行到极限位置后,安全尺触动限位开关的转动柄或触头,带动限位开关内的闭合触头分开而切断电源,机构停止工作停车。桥架型起重机大车和小车都应在每个运行方向装设运行行程限位器,在达到设计规定的极限位置时自动切断前进方向的动力源。

4. 轨道清扫装置

当物料有可能积存在轨道上成为运行的障碍时,在轨道上行驶的起重机和起重小车,在其台车架(或端梁)下面和小车架下面应装设轨道清扫装置,其扫轨板底面与轨道顶面的间隙一般为 5~10 mm。

5. 缓冲器及端部止挡

在轨道上运行的起重机的运行机构、起重小车的运行机构均应装设缓冲器或缓冲装置。缓冲器或缓冲装置可以安装在起重机上或轨道端部止挡装置上。轨道端部止挡装置应牢固可靠,防止起重机脱轨。

6. 电气联锁保护装置

夹轨器和锚定装置应能和运行机构联锁。要求夹轨器夹住或锚定装置锚固时起重机的运行机构应自动断电,打开时才能接通。进入起重机的门和司机室到桥架上的门及司机室与进入通道有相对运动时,进入司机室的通道口必须设有电气联锁保护装置,当任何一个门打开时,起重机所有的机构均应不能动作。可在两处或多处操作的起重机,应有联锁保护,以保证只能在一处操作,防止两处或多处同时都能操作。如有其他手动锁定的也应与相应的驱动机构相联锁。

7. 抗风防滑装置

室外工作轨道式的起重机应装设可靠的抗风防滑装置,并应满足规定工作状态和非工作状态抗风防滑要求。这些装置采用夹轨器、顶轨器、轮边制动器、锚定装置等。

8. 风速仪及风速报警装置

起升高度大于 50 m 的露天工作起重机应安装风速仪及风速报警装置,风速仪应安装在起重机上部迎风处,当检测到风力大于工作状态计算风速的设定值时应能发出报警信号。

9. 防护罩、隔热装置

起重机械上外露的有伤人可能的活动零部件时,如开式齿轮、传动轮、链条、皮带轮等均应设防护罩,露天作业的起重机械的电气设备应有防雨罩,铸造起重机隔热装置应完好。

10. 正反向接触器故障保护装置

吊运熔融金属的起重机,起升机构应当具有正反向接触器故障保护功能,防止电动机失电而制动器仍然在通电,导致电动机失速造成重物坠落。

11. 超速保护装置

起重机的起升机构采用可控硅定子调压、涡流制动、能耗制动、可控硅供电、直流机组供电方式,必须设置超速保护装置。额定起重量大于 20 t 用于吊运熔融金属的起重机,也应当设置超速保护装置。

12.防碰撞保护装置

同一轨道上,如果运行两台以上的起重机,应设置防碰撞保护装置。其工作原理是:当起重机运行到危险距离范围时,防碰撞装置便发出警报,进而切断电源,使起重机停止运行,避免起重机之间的相互碰撞。

13.特殊要求时安全防护装置

对一些有特殊要求的起重机,还应装设与其要求相对应的安全防护装置,如对于大跨度的起重机,还要安装防偏斜装置和偏斜指示装置、小车防倾覆安全钩、导电滑线防护板等。

1.1.3 桥架型起重机的主要参数

1.1.3.1 **起重量**

起重量是指被起升重物的质量,单位为千克(kg)或吨(t),过去常用字母 Q 表示。一般分为额定起重量、最大起重量、总起重量、有效起重量等。

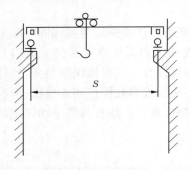

图 1-3 跨度示意图

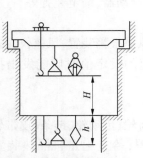

图 1-4 起升范围示意图

1.1.3.2 **跨度**

跨度指桥架型起重机支承中心线(如运行轨道轴线)之间的水平距离,如图 1-3 所示,单位为米(m)。

1.1.3.3 **起升范围**

起升范围指吊具最高和最低工作位置之间的垂直距离,即起升高度 H 和下降深度 h 之和,如图 1-4 所示,单位为米(m)。

1.起升高度 H

起升高度指起重机支撑面至取物装置最高工作位置之间的垂直距离,对桥式起重机,应是空载置于水平场地上方,从地面开始测定其起升高度。

2.下降深度 h

下降深度指起重机械水平停车面以下吊具允许最低位置的垂直距离,桥式起重机从地平面起算下降深度。应是空载置于水平场地上方,测定其下降深度。

1.1.3.4 **运动速度**

桥架型起重机运动速度主要分为大车运行速度、小车运行速度、起升(下降)速度,单位为米/分钟(m/min)。

(1)大车运行速度是指稳定运动状态下,起重机在轨道上行驶的速度。

(2)小车运行速度是指稳定运动状态下,小车在轨道上行驶的速度。

(3)起升(下降)速度是指稳定运动状态下,额定载荷的垂直位移速度。

1.1.3.5　悬臂长度

离悬臂最近的起重机轨道中心线至位于悬臂端部取物装置中心线的最大水平距离，如图 1-5 所示，单位为米（m）。

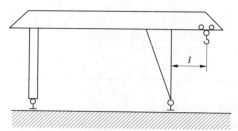

图 1-5　起重机悬臂长度示意图

1.1.3.6　工作级别

起重机的工作级别是表明起重机工作繁重程度的参数，工作级别的大小是由两种能力决定的，一是在时间方面的繁忙程度，称为起重机的使用等级；二是在吊重方面的满载程度，是起重机分级的基本参数之一。

1. 桥架型起重机的使用等级

起重机在有效寿命期间有一定的总工作循环数。总工作循环数表征了起重机的利用程度，是起重机分级的基本参数之一。

起重机的一个工作循环是从起吊一个物品起，到能开始起吊下一个物品时止的整个作业过程。工作循环总数是起重机在规定使用寿命期间所有工作循环次数的总和。

工作循环总数在其可能的范围内分为 10 个使用等级（$U_0 \sim U_9$），如表 1-2 所示。

表 1-2　起重机使用等级

使用等级	总的工作循环次数 C_T	起重机使用频繁程度
U_0	$C_T \leq 1.60 \times 10^4$	很少使用
U_1	$1.60 \times 10^4 < C_T \leq 3.20 \times 10^4$	
U_2	$3.20 \times 10^4 < C_T \leq 6.30 \times 10^4$	
U_3	$6.30 \times 10^4 < C_T \leq 1.25 \times 10^5$	
U_4	$1.25 \times 10^5 < C_T \leq 2.50 \times 10^5$	不频繁使用
U_5	$2.50 \times 10^5 < C_T \leq 5.00 \times 10^5$	中等频繁使用
U_6	$5.00 \times 10^5 < C_T \leq 1.00 \times 10^6$	较频繁使用
U_7	$1.00 \times 10^6 < C_T \leq 2.00 \times 10^6$	频繁使用
U_8	$2.00 \times 10^6 < C_T \leq 4.00 \times 10^6$	特别频繁使用
U_9	$4.00 \times 10^6 < C_T$	

2. 桥架型起重机载荷状态

起重机载荷状态是指在该起重机的设计预期寿命期限内，它的各个有代表性的起升载荷值的大小及各相对应的起吊次数，与起重机的额定载荷起升载荷值的大小及总的起吊次数的比值情况。它表明起重机的主要机构（起升机构）受载的轻重程度，如表 1-3

所示。

表 1-3　起重机的载荷状态

载荷状态	名义载荷谱系数 K_p	说　明
Q1	$K_p \leq 0.125$	很少吊运额定载荷,经常吊运较轻载荷
Q2	$0.125 < K_p \leq 0.250$	较少吊运额定载荷,经常吊运中等载荷
Q3	$0.250 < K_p \leq 0.500$	有时吊运额定载荷,较多吊运较重载荷
Q4	$0.500 < K_p \leq 1.000$	经常吊运额定载荷

3. 桥架型起重机整机的工作级别

结合起重量和起重时间的利用程度及工作循环次数的工作特性,根据起重机从 $U_0 \sim U_9$ 的 10 个使用等级和 Q1 ~ Q4 的 4 个载荷状态级别,将起重机整机的工作级别划分为 A1 ~ A8 共 8 个级别,见表 1-4。

表 1-4　桥架型起重机整机的工作级别

载荷状态级别	起重机的载荷谱系数 K_p	起重机的使用等级									
		U_0	U_1	U_2	U_3	U_4	U_5	U_6	U_7	U_8	U_9
Q1——轻	$K_p \leq 0.125$	A1	A1	A1	A2	A3	A4	A5	A6	A7	A8
Q2——中	$0.125 < K_p \leq 0.250$	A1	A1	A2	A3	A4	A5	A6	A7	A8	A8
Q3——重	$0.250 < K_p \leq 0.500$	A1	A2	A3	A4	A5	A6	A7	A8	A8	A8
Q4——特重	$0.500 < K_p \leq 1.000$	A2	A3	A4	A5	A6	A7	A8	A8	A8	A8

4. 桥架型起重机机构的工作级别

起重机整机的工作级别,并不能反映每个机构单独的运转情况,因此用同样的方法还可以对每个运转机构进行工作级别划分。同样的,先对每个机构划分出 10 个使用等级(用 $T_0 \sim T_9$ 表示)和 4 个载荷状态级别(用 L1 ~ L4 表示),结合后同样成为机构的 8 个工作级别,见表 1-5。

表 1-5　桥架型起重机机构的工作级别

载荷状态级别	机构载荷谱系数 K_m	起重机机构的使用等级									
		T_0	T_1	T_2	T_3	T_4	T_5	T_6	T_7	T_8	T_9
L1——轻	$K_m \leq 0.125$	M1	M1	M1	M2	M3	M4	M5	M6	M7	M8
L2——中	$0.125 < K_m \leq 0.250$	M1	M1	M2	M3	M4	M5	M6	M7	M8	M8
L3——重	$0.250 < K_m \leq 0.500$	M1	M2	M3	M4	M5	M6	M7	M8	M8	M8
L4——特重	$0.500 < K_m \leq 1.000$	M2	M3	M4	M5	M6	M7	M8	M8	M8	M8

机构工作级别的划分,是将起重机各单个机构分别作为一个整体进行的关于其载荷大小程度及运载频繁情况总的评价,它并不表示该机构中所有的零部件都有与此相同的受载及运转情况。

1.1.4　桥架型起重机法规标准体系

桥架型起重机,尤其是纳入特种设备管理的,国家对其设计、生产、安装、使用、检验检测、改造各个环节的管理都非常严格,制定了从顶层法律到底层标准的全套制度,来保障桥架型起重机的产品质量和使用安全。根据现行法律要求,在制造起重机之前,制造单位应当先取得相应的生产资质,并且制造的产品应当在制造许可的范围之内。对于新制造的起重机,要经过型式试验检验,符合国家相关要求方可继续制造。新安装的起重机,要经过检验机构监督检验,在用起重机在使用周期内要接受定期检验。

起重机械法律法规体系包括法律、法规、规章、特种设备安全技术规范、标准等层次。见图 1-6。

图 1-6　桥架型起重机械法律法规体系结构图

1.1.4.1　相关法律

法律是由全国人大制定,以国家主席令的形式发布,由国家强制力保证实施。与起重机行业息息相关的法律主要有《中华人民共和国特种设备安全法》《中华人民共和国行政许可法》《中华人民共和国安全生产法》《中华人民共和国产品质量法》等。

1.1.4.2　法规

法规是国务院制定的行政法规及地方人大制定的地方法规,主要有以下这些法规:

(1)《特种设备安全监察条例》(2003 年 2 月 19 日国务院 373 号令发布,2009 年 5 月 1 日国务院 549 号令修订);

(2)《生产事故报告和调查处理条例》(2007 年 4 月 9 日国务院 493 号令);

(3)《国务院关于特大安全事故行政责任追究的规定》;

(4)由省、自治区、直辖市人大及具有立法权的市制定的地方法规,例如《江苏省特种设备安全条例》《浙江省特种设备安全管理条例》《山东省特种设备安全监察条例》等。

1.1.4.3　部门规章

部门规章主要是由负责特种设备管理的国家市场监督管理局(原国家质检总局)制定的规章,如《起重机械安全监察规定》(2006 年 12 月 29 日国家质检总局令第 92 号发布,已经于 2020 年 7 月废止)、《特种设备事故报告和调查处理规定》、国家质检总局第 50 号令等。

1.1.4.4　安全技术规范

特种设备安全技术规范(以下简称 TSG),国家市场监督管理总局为加强特种设备管理而制定的一系列规范的统称,是规定特种设备的安全性能和节能要求及相应的设计、制造、安装、修理、改造、使用管理和检测、检测方法等内容的国家强制要求。

(1)《特种设备生产和充装单位许可规则》(TSG 07—2019);

(2)《特种设备事故报告和调查处理导则》(TSG 03—2015);

(3)《特种设备使用管理规则》(TSG 08—2017);

(4)《起重机械安装改造重大维修监督检验规则》(TSG Q7016—2016);

(5)《起重机械定期检验规则》(TSG Q7015—2016);

(6)《起重机械型式试验规则》(TSG Q7002—2019)。

1.1.4.5 标准

与桥架型起重机械相关的标准主要有:

(1)《起重机械设计规范》(GB/T 3811—2008);

(2)《起重机械安全规程 第1部分:总则》(GB/T 6067.1—2010);

(3)《起重机械安全规程 第5部分:桥式和门式起重机》(GB/T 6067.5—2014);

(4)《起重机试验规范和程序》(GB/T 5905—2011);

(5)《通用门式起重机》(GB/T 14406—2011);

(6)《架桥机通用技术条件》(GB/T 26470—2011);

(7)《轨道式集装箱门式起重机》(GB/T 19683—2005);

(8)《轮胎式集装箱门式起重机》(GB/T 14783—2009);

(9)《通用桥式起重机》(GB/T 14405—2011)。

1.2 关键检测项目

本节介绍桥架型起重机的部分关键检测项目、要求和方法。这些项目是桥架型起重机在传统检测过程中经常检测的项目,适用于桥架型起重机制造、安装和在用设备的检测。

1.2.1 检测仪器

检测仪器和量具应经检定合格后方可使用,其种类、规格及误差要求见表1-6。

表1-6 起重机常用的几种计量器具

序号	计量器具名称	规格及误差	用途举例
1	水平仪	DS-3型 50 m 20″	1.测量桥架水平 2.测量主梁拱度、翘度 3.小车四组弯板共同水平差
2	点温计	—	测量桥架温度

续表 1-6

序号	计量器具名称	规格及误差	用途举例
3	测拱仪	钢丝直径 0.49~0.52 mm	测量主梁上拱度,测量主梁水平弯曲,测量小车轨道直线度
4	钢直尺	0~300 mm±0.1 mm	铆工和检查工制造检查验收
5	钢卷尺	0~2 m±0.1 mm	铆工和检查工制造检查验收
6	钢盘尺	30 m±0.5 mm 50 m±0.5 mm	铆工和检查工制造检查验收
7	弹簧秤	150 N	测量长度、拱度时对钢盘尺或钢丝施加规定拉力
8	平尺	1 m±0.1 mm 2 m±0.1 mm	1. 测量主梁腹板波浪变形和盖板波浪变形 2. 测量桥架走台板和司机室壁板波浪变形
9	水平尺	600 mm 2 mm/m	1. 测量主梁盖板水平偏斜 2. 测量端梁扭曲等
10	直角弯尺	1 500 mm±0.05 mm	1. 测量主梁筋板或端梁筋板垂直度 2. 测量单主梁门吊小车轨距
11	线锤	—	测量主梁腹板、端梁腹板垂直偏斜和其他部件的垂直度
12	经纬仪		测量大部件的垂直度
13	特殊直角尺	90°±5′	测量端梁、小车架弯板角度
14	塞尺	—	1. 测量板材和部件波浪变形 2. 测量主梁水平倾斜
15	千分尺	0.005 mm	测量内径
16	游标卡尺	0.02 mm	测量外径
17	硬度计	HB10,HRC1	测零件硬度

检测时,量具的温度与被检件的温度应基本一致。检测桥架、门架有关项目时,走台上不放置电柱、角钢滑线、电阻器、控制屏等零部件,但焊好的电线管除外。桥架、门架的有关项目的检测应在无日照温度影响,或经检测与被检双方协商确认各部件温度基本一致的条件下进行检测。

1.2.2　结构的检测

金属结构的检测主要是检查主要受力构件的变形或失稳情况,结构主梁的刚度变形(下挠度和水平旁弯)、主梁腹板的稳定性(局部翘曲或塌陷)、桥架对角线偏差变形等;检查各结构的高强度螺栓的连接、焊缝是否开裂,主要受力构件断面腐蚀情况,必要时,对主梁焊缝进行无损探伤;检查轨道的平直度、平行度、接头的高度差,与轨道基础的连接,轨道自身的磨损和缺陷。在结构检测中,上拱度是衡量主梁结构健康情况的重要指标,也是起重机械型式试验中的一个重要项目,以主梁上拱度为例做简要介绍。

检测项目:主梁跨中上拱度的检测

检测要求:《通用桥式起重机》(GB/T 14405—2011)5.3.9,《通用门式起重机》(GB/T 14406—2011)5.3.9规定:

(1)静载试验后的主梁。当空载小车在极限位置时,上拱最高点应在跨度中部 $S/10$ 范围内,其值不应小于 $0.7S/1\ 000$。试验后进行目测检查,各受力金属结构件应无裂纹、永久变形,无油漆剥落或对起重机的性能与安全有影响的损坏,各连接处也应无松动或损坏。

(2)《通用门式起重机》(GB/T 14406—2011)5.3.9中还规定:悬臂端的上翘度不应小于 $0.7L/350$。

(3)起重机主梁实有上拱度应在静载试验后检测(使空载小车在极限位置),并避免日照的影响。

检测方法(下面以桥式起重机为例进行讲解,门式起重机检测方法基本相同,可参考进行,下同):用直径为 0.49~0.52 mm 钢丝,150 N 拉力按图 1-7 拉好,其位置应在主梁上盖板宽度中心。当小车轨道铺设完时,钢丝允许偏离一段距离,但以避开轨道压板为宜。然后再将两根等高的测量棒分别置于端梁中心处,并垂直于端梁盖板和钢丝,测量主梁在筋板处的上盖板表面与钢丝之间的距离,找出拱度最高点,该点测量值为 h_1,测量棒长度为 h,钢丝自重修正值为 Δ(见表 1-7),则实测拱度值为 $F=h-h_1-\Delta$。

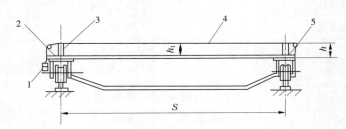

1—拉力 150 N;2—滑轮;3—等高测量棒;4—ϕ0.49~0.52 mm 钢丝;5—钢丝固定器

图 1-7　拉钢丝法测量拱度示意图

表 1-7　钢丝自重修正值

起重机跨度 S(m)	10.5 10	13.5 13	16.5 16 15.5	19.5 19 18.5	22.5 22 21.5	25.5 25 24.5	28.5 28 27.5	31.5 31 30.5	34.5 34 33.5
钢丝下垂修正值 Δ(mm)	1.5	2.5	3.5	4.5	6	8	10	12	14

　　此外,检测上拱度还可采用水准仪或激光直线仪。水准仪法测量仪器本身精度高,可以做到用一种仪器,同一放置位置测量多项指标,如大、小车轨道高低差、拱翘度等。特别是对单梁起重机(在用)用其他方法不能测量,只能用水准仪测量。其缺点是测量时有盲区,受支座振动影响大。

　　激光直线仪一般由激光器、望远镜、支座、高度位移传感器等组成。其工作原理是把激光发射管的单色激光光束射入望远镜内,经缩小发散角聚焦后,发射到接收靶上(传感器)。测量时,将光靶置于被测位置,由位移传感器的触头跟踪激光光点,将测量信号经应变仪输入光线示波器记录,或输入微机分析计算,打印出测量数据并绘制测量曲线。

　　使用这种仪器,可以测量主梁上拱度、下挠度、悬臂、上翘度、大小车轨道直线度、同一截面轨道高低差、小车轨道局部平面度等多项指标。这种方法与拉钢丝测量法和水准仪测量法比较,具有不必考虑修正值、不受使用环境光线影响、支架底座容易位移等优点。

1.2.3　工作机构部分的检测

　　工作机构部分的检测主要是检查各零部件和装置是否齐备、完好、磨损程度,是否需要报废;重点零部件如制动器、吊钩、钢丝绳、滑轮和卷筒、减速器、车轮等的磨损程度;检查各部分的安装、连接、配合和固定是否可靠;检查各机构的运转是否正常、平稳,装置的动作是否灵敏,有无异响和润滑情况。下文以制动器和钢丝绳的主要检测项目做介绍。

1.2.3.1　制动器的检测

　　检测项目 1:对制动轮制动面的硬度进行检测。

　　检测要求:被检测的制动轮如为钢质的,其制动面硬度应达到 HRC45～55;被检测的制动轮如为球铁的,其制动面硬度应达到 HB174～241。

　　检测方法:用洛氏硬度计(或肖氏硬度计)、布氏硬度计来检测。将制动面沿圆周方向分为三等份,在每等分线上距边缘 5 mm 以内各测一点。其中如有两点合格即为合乎标准(如遇淬火交接处,改变测试点)。

　　检测项目 2:制动器安装精度检测。

　　检测要求:《通用桥式起重机》(GB/T 14405—2011)5.8.1 和《通用门式起重机》(GB/T 14406—2011)5.8.1 规定,制动轮安装后,应保证其径向跳动不超过表 1-8 规定的值;制动盘安装后,应保证其盘端面跳动不超过表 1-9 规定的值。

表 1-8　制动轮径向跳动允差

制动轮直径(mm)	≤250	>250～500	>500～800
径向跳动(μm)	100	120	150

表 1-9　制动盘端面跳动允差

制动轮直径(mm)	≤355	>355～500	>500～710	>710～1 250	>1 250～2 000	>2 000～3 150	>3 150～5 000	>5 000
端面跳动(μm)	100	120	150	200	250	300	400	500

检测方法:使用千分表测量。

检测项目3:制动器的制动轮与制动片间隙的测量方法。

检测要求:制动带最大开度(单侧)应≤1 mm。制动轮的制动摩擦面不得有妨碍制动性能的缺陷,不得粘涂油污、油漆。

检测方法:将控制起重机制动器线圈的触点短接,使起重机制动器制动片电动松开,使用塞尺测量制动闸瓦和制动轮各处间隙应该基本相等,间隙数据与实际情况基本相符。

1.2.3.2　钢丝绳的检测

检测项目:钢丝绳的直径测量。

检测要求:钢丝绳直径应与技术要求相符。

检测方法:

(1)钢丝绳的直径测量时,应用一把带有宽钳口的游标卡尺来测量,其钳口的宽度最小要包含两个相邻的股,如图1-8所示。

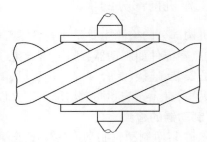

图1-8　钢丝绳的测量

(2)测量应选取钢丝绳端头外的平直部分,在相距至少1 m的两截面上,并在同一截面互相垂直地各测取两个数值,4次测量结果的平均值,即是钢丝绳的实测直径。正确测量方法如图1-9所示。

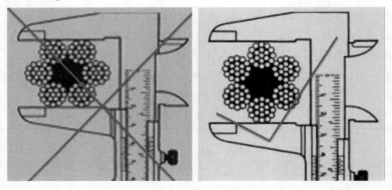

图1-9　钢丝绳直径测量方法

(3)实测直径应在无载荷、5%或10%的最小破断载荷下测量。实测直径应符合规定的允许偏差。

1.2.4　电气部分的检测

电气部分主要是检查电气线路、电气保护装置的性能和可靠性,接地和接地电阻,绝缘和绝缘电阻,电气照明和信号灯等。这里对接地和接地电阻的检测做一下介绍。

接地和接地电阻的检测要求:

(1)交流供电起重机电源应采用三相(3ϕ+PE)供电方式。设计者应根据不同电网采用不同型式的接地保护。

(2)起重机械本体的金属结构应与供电线路的保护导线可靠连接。起重机械的钢轨可连接到保护接地电路上。但是,此方法不能取代从电源到起重机械的保护导线(如电缆、集电导线或滑触线)。司机室与起重机本体接地点之间应用双保护导线连接。

(3)起重机械所有电气设备外壳、金属导线管、金属支架及金属线槽均应根据配电网情况进行可靠接地(保护接地或保护接零)。

(4)严禁用起重机械金属结构和接地线作为载流零线(电气系统电压为安全电压除外)。

(5)在每个引入电源点,外部保护导线端子应使用字母 PE 来标明。其他位置的保护导线端子应使用图示符号或用字母 PE,或用黄绿双色组合标记。

(6)对于保护接零系统,起重机械的重复接地或防雷接地的接地电阻不大于 10 Ω。对于保护接地系统的接地电阻不大于 4 Ω。

(7)不应采用接地线作为载流零线。

检测方法:一般用目测和仪表测量结合的方法。

(1)检查起重机械上所有电气设备正常不带电的金属外壳、变压器铁芯及其金属隔离层、金属管槽、电缆金属护层等是否与金属结构间有可靠的接电连接。

(2)用接地电阻测量仪测量起重机械接地电阻。测量重复接地电阻时,应当把保护零线从被测接地体上断开。检查是否符合以下要求:

采用 TN 接地系统时,零线重复接地每一处的接地电阻不大于 10 Ω;采用 TT 接地系统时,起重机电气设备的外露可导电部分(电源保护接地线)的接地电阻 4 Ω 或者起重机械金属结构的接地电阻与漏电保护器动作电流的乘积不大于 50 V;采用 IT 接地系统时,起重机电气设备的外露可导电部分(电源保护接地线)的接地电阻不大于 4 Ω。

1.2.5　安全防护装置的检测

安全防护装置主要是检查安全防护装置是否齐全,装置的动作是否灵敏、可靠。检查安全标记是否清晰,是否符合标准要求。以起重量限制器、高度限制器和行程限位器为例进行介绍。

1.2.5.1　起重量限制器的检测

检测要求:起重量限制器的综合误差应符合以下规定:

综合型限制器不应超过±5%,自动停止限制器不应超过±8%;当实际起重量在100%~110%时,起重量限制器应能切断起升动力源,但应允许机构做下降运动;有防爆要求的起重机应安装防爆型起重量限制器。

检测方法:动作试验,试验时先吊起一定的载荷并保持离地面 100~200 mm 高度,逐渐无冲击继续加载至100%~110%额定起重量,观察起重量限制器是否动作,此时应切断起升机构上升方向的动力源,但允许往下降方向运动。

1.2.5.2　高度限制器的检测

检测要求：当取物装置上升到设计规定的上极限位置时，应能立即切断起升动力源。在此极限位置的上方，还应留有足够的空余高度，以适应上升制动行程的要求。在特殊情况下，如吊运熔融金属，还应装设防止越程冲顶的第二级起升高度限位器，第二级起升高度限位器应分断更高一级的动力源。

需要时，还应设下降深度限位器；当取物装置下降到设计规定的下极限位置时，应能立即切断下降动力源。上述运动方向的电源切断后，仍可进行相反方向运动（第二级起升高度限位器除外）。

检测方法：

（1）空载，使起升装置上行，碰触起升高度限位器开关，应能停止上升方向运行；

（2）触发限位开关后，应能向反方向退出；

（3）有两套起升高度限位器时，先试验高度位置较低的一个，然后把这个开关用导线短接，再试验高度位置较高的一个；

（4）试验极限距离时，必须用额定速度或最大工作速度碰触高度限位开关，停止在极限距离内。

1.2.5.3　行程限位器的检测

检测要求：起重机和起重小车（悬挂型电动葫芦运行小车除外），应在每个运行方向装设运行行程限位器，在达到设计规定的极限位置时，自动切断前进方向的动力源。在运行速度大于 100 m/min，或停车定位要求较严的情况下，宜根据需要装设两级运行行程限位器，第一级发出减速信号并按规定要求减速，第二级应能自动断电并停车。起重机行程限位开关动作后，应使相关机构在下列位置停止：

（1）起重机桥架和小车等，离行程末端不小于 200 mm 处；

（2）一台起重机临近另一台起重机时，相距不小于 400 mm 处。

检测方法：

（1）操作大车或小车以最低速挡碰触限位开关，观察是否能停止运行；

（2）点动运行碰触限位开关后，继续做向该方向运行的操作，不能通电或不能继续运行；

（3）用额定速度或最大工作速度碰触限位开关，应能停止该方向运行；

（4）触发后应能向反方向退出；

（5）试验极限距离时，用额定速度或最大工作速度碰触限位开关，停止在极限距离，用卷尺测量相关距离，看是否符合要求。

1.2.6　性能试验检测

1.2.6.1　空载试验

1. 试验目的

试验工作机构的状态和运转的可靠性，各连接部分的工作性能。

2. 试验的方法

在空载条件下，进行起升、大车行走、小车运行、吊具回转（架桥机应有支腿升降）等动作的操作,并且进行各种安全开关,包括起升高度限位、下降深度限位、大小车运行机构限位试验,连锁、互锁性能试验和各机构空载速度试验,至少重复进行 3 个循环。空载试运转期间,还应检查润滑和发热情况,运转是否平稳,有无异常的噪声和振动,各连接部分密封性能或紧固性等。若有异常现象,应立即停车检查并加以排除。

3. 试验要求

操纵机构、控制系统、安全防护装置动作应可靠、准确,馈电装置工作应正常。各机构动作平稳、运行正常,能实现规定的功能和动作,无异常震动、冲击、过热、噪声等现象。

1.2.6.2　静载试验

1. 试验目的

检验起重机金属结构的承载能力和工作性能指标,检查变形情况。

2. 试验方法

每个起升机构的静载试验应分别进行,静载试验的载荷为 1.25 倍额定载荷,试验前应调整好制动器。

首先对主起升机构作静载试验,起升额定载荷(逐渐增至额定载荷),小车在门架全行程往返运行,并开动起重机运行机构(不允许同时开动 3 个机构),检查各项性能应达到设计要求。卸去载荷,将空载小车停放在支腿支点(无悬臂时,在极限位置,抓斗、起重电磁铁应放至落地),分别定出主梁中部、悬臂端的检测基准点。

主起升机构依次置于主梁和悬臂最不利位置(主梁中部和悬臂端),分别按 1.0 倍额定载荷加载(双小车或多小车时,按合同约定进行试验),起升离地面 100~200 mm 处悬空,再无冲击地逐渐加载至 1.25 倍额定载荷后,悬空时间不少于 10 min。卸去载荷将空载小车停放在支腿支点(无悬臂时,在极限位置,抓斗及起重电磁铁应使之落地),检查起重机主梁和悬臂各基准点处应无永久变形,其主梁实有上拱度和悬臂的上翘度符合规定,即可终止试验。如有永久变形,需从头再做试验,但总共不应超过三次,不应再有永久变形。

试验的超载载荷部分,应是无冲击地加载。抓斗起重机的静载试验,宜在额定载荷的基础上,再向斗内一块一块无冲击地添加比重较大的重物(例如,生铁块)直至达到静载试验载荷;吊钩起重机的静载试验的超载部分(电磁起重机;可摘下起重电磁铁,在吊钩上按此法加载),宜采用附加水箱,向箱内注水,达到无冲击地加载,在本书第 4 章介绍的试验载荷平稳加载装置就属于水箱加载的一种。

3. 试验要求

起重机做静载试验时,应能承受 1.25 倍额定起重量的试验载荷,其主梁和悬臂不应产生永久变形。静载试验后的主梁和悬臂,当空载小车处于支腿支点位置(无悬臂时在极限位置)时,上拱最高点应在跨度中部 $S/10$ 范围内,其值不应小于 $0.7S/1\,000$;悬臂端的上翘度不应小于 $0.7L/350$。试验后进行目测检查,各受力金属结构件应无裂纹、永久变形、无油漆剥落或对起重机的性能与安全有影响的损坏,各连接处也应无松动或损坏。

1.2.6.3　额载试验

1. 试验目的

额载试验的目的是通过额定载荷试验进一步测试起重机的相关功能指标。

2. 试验方法

主起升机构按 1.0 倍额定载荷加载,作起重机和小车运行机构、起升机构的联合动作,只允许同时开动两个机构(但主、副起升机构不应同时开动)。按照《通用桥式起重机》(GB/T 14405—2011)条款中 6.4.1、6.4.2 和 6.5 规定分别检测机构的速度(含调速)、制动距离和起重机的噪声。

对于取物装置为抓斗的起重机,应按照《通用桥式起重机》(GB/T 14405—2011)6.7方法验证抓斗的抓取性能;对取物装置为电磁铁的起重机,应按照《通用桥式起重机》(GB/T 14405—2011)6.8.1、6.8.2 和 6.8.3 方法验证起重电磁铁的吸重能力、电控系统的正确性和备用电源的保磁能力。

检测静态刚性。先将空载小车停放在支腿支点(无悬臂时,在极限位置),在主梁跨中和有效悬臂位置找好基准点,然后将小车起升机构依次放在主梁和悬臂最不利位置(主梁中部,悬臂端部),分别按额定起重量加载,载荷离地面 100~200 mm,保持 10 min。测量基准点的下挠数值后卸载,将主梁基点下挠数值除以起重机的跨度,即为起重机跨中的静态刚性;将悬臂基点下挠数值除以有效悬臂长度,即为悬臂的静态刚性。

3. 试验要求

对没有调速控制系统或用低速起升也能达到要求、定位精度较低的起重机,挠度要求不大于 $S/500$;对采用简单的调速控制系统就能达到要求、定位精度中等的起重机,挠度要求不大于 $S/750$;对需采用较完善的调速控制系统才能达到要求、定位精度要求高的起重机,挠度要求不大于 $S/1\ 000$(若设计文件对该要求不明确,对于工作级别为 A1~A3 级的起重机,挠度不大于 $S/700$;对于工作级别为 A4~A6 级的起重机,挠度不大于 $S/800$;对于工作级别为 A7、A8 级的起重机,挠度不大于 $S/1\ 000$)。

1.2.6.4　动载试验

1. 试验目的

动载试验的目的是检查起重机机构的负载运行特性、金属结构的动态刚度,以及在机构运行状态下安全装置动作的可靠性和灵敏性。

2. 试验方法

起重机各机构的动载试验应先分别进行,然后做联合动作。做联合动作试验时,同时开动的机构不应超过两个。起升机构按 1.1 倍额定载荷加载,试验中对每种动作应在其行程范围内做反复运动的启动和制动,对悬挂着的试验载荷作空中启动时,试验载荷不应出现反向动作。试验时应按该起重机的电动机接电持续率留有操作的间隔时间,按操作规程进行控制,且必须注意把加速度、减速度和速度限制在起重机正常工作的范围内。按接电持续率及其工作循环,试验时间至少应延续 1 h。

3. 试验要求

各机构动作应灵敏,工作平稳可靠,各项性能参数应达到要求。各限位开关及安全保护联锁装置的动作应准确可靠,各零部件应无裂纹等损坏现象,各连接处不得松动,各电动机、接触器等电气设备应无过热现象。

在用起重机可只进行动载试验。

1.2.6.5　**连续作业试验**

1. 试验目的

通过模拟桥架型起重机真实工作场景,进一步对起重机的各项性能指标进行验证确认。

2. 试验方法

(1)桥式起重机、门式起重机(架桥机、轨道式集装箱门式起重机和轮胎集装箱门式起重机除外)整机工作级别大于或者等于 A4 的,按以下方法进行连续作业试验。

在额定起重量下,带载起升范围不低于额定起升范围的三分之一;大车行走距离为不少于 10 m 或者大车按照额定行走速度行走 0.5 min 两者中的较大值,小车运行距离为不少于 10 m 或者起重机跨度 50% 两者中的较小值;按照各机构电机的接电持续率计算试验的间隔时间,进行连续性循环作业,起升机构的连续运行时间不低于 2 h,其他每个机构的连续运行时间不低于 1 h。中途因故停机,重新试验。

(2)架桥机。按照设计规定的工作时间,能够顺利完成 3 孔以上的架梁工作,且不出现设备故障。

(3)轨道式集装箱门式起重机。采用 2/3 额定起重量进行 8 h 模拟作业试验,作业中各种运动皆以最大加速度和最大速度进行工作,在连续 8 h 作业试验中,起重机不应出现因缺陷(包括漏油)而发生的故障。出现故障,且在 15 min 内不能修复,或故障累计时间超过 30 min 以上,则试验应重做。

(4)轮胎集装箱门式起重机。用 1AA 型集装箱(或者试验架)进行 8 h 模拟作业试验,不得发生由于起重机的缺陷(包括漏油)而出现的故障。若一旦发生故障,且在 15 min 内又不能够修复,或者故障出现 2 次以上,则应当重新进行试验。

3. 试验要求

试验结束后,桥架型起重机工作正常,未出现因样机故障造成的停机;主要受力结构件无损坏和松动现象,各主要机构部件无损坏现象;液压系统油液温升在设计文件允许的范围。

第 2 章　结构健康检测技术

随着社会的发展,桥架型起重机的结构形式也越来越多,在设计、制造、安装等环节产生的缺陷以及大起重量下的复杂工况,导致其结构和部件在使用的过程中容易发生形变,如果形变超出了范围,就会影响使用安全,甚至发生安全事故,因此在起重机生产使用的各个环节对其结构进行健康检测就显得尤为重要。起重机结构的健康检测是指使用专门的仪器和特定的方法对起重机结构体在外力作用下所产生的形变进行的一种测量工作。

起重机的结构健康检测是掌握目标结构物的安全情况,规避结构风险,延长使用寿命的关键技术,可以优化整体维护成本、保障设备的安全运行。

2.1　空间尺寸测量技术

起重机的空间尺寸测量技术是指运用测量设备对起重机在空载或满载时的位置进行测量,进而判断起重机结构安全的技术,起重机的主体结构的空间尺寸测量是对起重机结构健康状况最直观的反映。起重机的金属结构是以金属材料轧制的型钢(如角钢、槽钢、工字钢、钢管等)和钢板作为基本构件,按一定的组成规则连接,承受起重机的自重和载荷的结构,金属结构的重量占整机重量的 40%~70%,受力复杂,自重大,耗材多。因此,起重机结构的空间测量就成了起重机结构检验的重要环节,结构安全是考量起重机使用安全的一个重要指标。随着检验检测技术的发展,空间结构测量已经在起重机械的安全检验中起到了越来越重要的作用。

对于起重机的结构空间测量主要包括钢卷尺、钢直尺、经纬仪、全站仪、塞尺、游标卡尺、框式水平仪等。对于一些简单的尺具就不再做过多介绍,下面对水准仪、经纬仪、全站仪、框式水平仪的原理、使用等情况做介绍。

2.1.1　水准仪

水准仪是起重机械检验时应用较为广泛的一种仪器,适用于对起重机主梁的上拱度和上翘度、主梁的静刚度、双主梁的高低差、起重机轨道全程高差等水平高度差进行测量。按结构分为微倾水准仪、激光水准仪和数字水准仪(又称电子水准仪),按精度分为精密水准仪和普通水准仪。这里主要介绍 DSZ2 型水准仪的使用。

2.1.1.1　仪器组成

水准仪各部件如图 2-1 所示,各部件功能如表 2-1 所示。

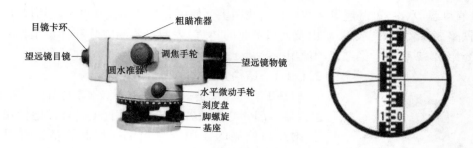

图 2-1　DSZ2 型水准仪和观测示意图

表 2-1　DSZ2 型水准仪各部分及其功能

主要部件	功能
基座	水准仪基座上的螺纹孔与三脚架上的螺栓配合,可将水准仪固定在三角架上
圆水准器	通过观察其中的小气泡是否在小圆圈内来判断水准仪是否已经调水平
脚螺旋	处于基座上,可以通过旋转脚螺旋使水准仪调水平
望远镜	通过望远镜照准标尺,读取标尺上的读数来进行测量。望远镜内设置有十字准星。当水准仪调平后,转动水准仪望远镜,则十字准星对准的位置可认为在同一平面上
粗瞄准器	帮助望远镜内的十字准星照准标尺
调焦手轮	当望远镜对准目标,转动调焦手轮可使目标在目镜内逐渐清晰,当目标图像在目镜内最为清晰时即可进行读数。转动调焦手轮是照准目标读数的一个必不可少的组成步骤

2.1.1.2　使用要点

1. 完好性确认

仪器的各个部件应齐全,仪器结构应完好,没有明显的缺陷、损坏现象；使用前应检查水准仪是否完好,水准仪的各运动机构转动灵活平稳,无卡滞、抖动等异常现象。望远镜视场清晰均匀,刻度及成像清楚,无晃动及变形。

2. 辅助工具检查

检查测试所需的各种工具、附件是否齐全。DSZ2 型水准仪进行测量时需要的辅助工具主要有:毫米刻度标尺、水准仪配套三脚架。在使用前应检查标尺刻度完好清晰,且在检定有效期内,还应检查三脚架的各零件没有异常松动,必要时进行相应的调整。

3. 使用环境要求

DSZ2 型水准仪使用现场应没有大风、雨雪、严寒、强磁场、强腐蚀、强光直射等不利因素。现场的地面应当平整、坚实,便于架设三脚架。

4. 架设

调节三脚架各脚架高度,大致调平三脚架。用中心连接螺钉将水准仪固定在三脚架上后锁紧。

2.1.2　经纬仪

经纬仪是测量水平角和竖直角的仪器,是根据测量角原理设计的。由望远镜、水平度盘、竖直度盘、水准器、基座等组成。目前我国主要使用光学经纬仪和电子经纬仪,广泛应用于铁路、公路、桥梁、水利、矿山及大型企业的建筑,大型机器的安装和计量工作。这里主要介绍 J2-2 型光学经纬仪的使用。

2.1.2.1　结构介绍

J2-2 型经纬仪是一种精密光学仪器,如图 2-2 所示,熟悉仪器各部分结构及各手轮的作用,正确合理地使用和保管,对提高仪器的使用寿命和保证仪器的精度有很大的作用。

2.1.2.2　使用要点

1. 对中

对中就是将经纬仪水平度盘的中心安置在测站点的铅垂线上。方法步骤如下:

(1)测站点上安置经纬仪,调整其大致对中。

(2)旋转光学对点器的目镜,使分划板清晰。

(3)拉出或推进对中器的物镜管,使测站点的标志成像清晰。

(4)双手各提脚架一条腿,前后、左右摆动,眼观对中器寻找目标,使测站点标志的影像精确位于分划板小圆圈的中心。

图 2-2　J2-2 型经纬仪结构

2. 整平

整平的目的是使仪器的竖轴处于竖直位置,水平度盘处于水平位置,如图 2-3 所示,气泡的走向与左手手指的旋转方向一致,其操作步骤如下:

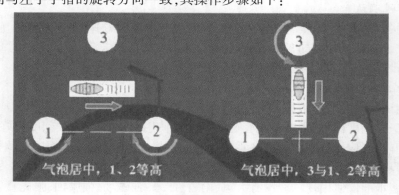

图 2-3　整平的操作方法

(1)使基面处于水平状态,来回调节三脚架三条腿的长短,使基面圆水准器的气泡落在小圆圈内(粗平)。

调节三脚架架腿时,要使用双手操作,避免因操作用力不当,大幅度地晃动仪器会出现损坏仪器的现象。同时,要注意三脚架的三个腿要踩实。

(2)在圆水准器气泡居中的前提下,转动仪器,使照准部水准管平行于任意两个脚螺旋的连接线方向。

(3)两手同时向内或向外旋转这两个脚螺旋,使水准管的气泡居中。

注意:气泡移动的方向和转动脚螺旋时左手大拇指运动方向相同。

(4)气泡居中后,将仪器照准部旋转90°,再用第三个脚螺旋使气泡居中。

(5)按上述步骤反复进行,直至长水准管在任何位置气泡偏离中央不超过半格为止。

(6)架头上移动仪器,精确对中。

(7)重复步骤(2)~(4),既满足精确对中,又满足气泡居中。

3.瞄准目标

(1)目镜调焦。松开经纬仪望远镜、水平制动和竖直制动螺旋,使望远镜朝向天空或较远处,转动目镜调焦螺旋,直至望远镜内十字丝清晰。

注意:若同一个人观测,在观测过程中,不需要对目镜再进行对光调整。否则,就需要对仪器进行检校。

(2)照准标志。测量角度时,仪器安置点称为测站点,远方目标点称为照准点,在照准点上必须设立照准标志,便于瞄准。测角度时用的照准标志有花杆、视距尺、塔尺或测钎、垂球线等。

(3)粗瞄目标。测量角度时,仪器安置点称为测站点,远方目标点称为照准点,在照准点上必须设立照准标志,便于瞄准。测角度时用的照准标志,有花杆、视距尺、塔尺或测钎、垂球线等。使用望远镜上的缺口和准星(或瞄准器)照准目标,使观测目标在望远镜的视场内,即旋紧望远镜和各制动螺旋。

(4)物镜调焦。转动望远镜对光螺旋,使观测的目标影像清晰,同时注意消除视差(视差的消除方法与水准仪消除视差的方法相同)。

(5)精确照准。当目标成像较细时,可使用十字丝纵丝的单丝照准目标。转动照准部微动螺旋,使被观测的目标准确地与十字丝纵丝重合。若目标是标杆或成像有一定的宽度时,可使用十字丝纵丝的双丝照准目标,即使目标成像准确地夹在双丝的中间。这种情况要求照准目标必须垂直,用双丝检查照准目标时,应检查其左右是否对称。

4.读数

光学经纬仪的读数窗中只能看到水平度盘或竖直度盘二者之一的影像。位于支架外侧的度盘换像轮,用以变换两度盘的影像,欲使显微镜中现出水平度盘影像,顺时针方向转动度盘换像轮,到转不动为止;欲使显微镜中现出竖直度盘影像,则逆时针方向转动换像手轮,到转不动为止;无论哪个度盘的影像出现于显微镜中,测微小窗的影像总是出现于度盘影像的左边,转动望远镜目镜可使度盘的影像清晰。

读数窗如图2-4所示,具体方法如下:

(1)使度盘正、倒像分划线精密重合。

(2)由靠近视场中央读出上排正像左边分划线的度数,即30°。

(3)数出上排的正像30°与下排倒像210°(与正像30°相差180°)之间的格数再乘以10′,就是整十分的数值,即20′。

(4)在旁边小窗中读出小于10′的分、秒数。测微尺分划影像左侧的注记数字是分数,右侧的注记数字1、2、3、4、5是秒的十位数,即分别为10″、20″、30″、40″、50″,将以上数值相加就得到整个读数。故其读数为:度盘上的度数30°,度盘上整十分数20′,测微尺上分、秒数 8′00″。全部读数为 30°28′00″。

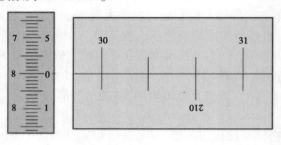

图 2-4　经纬仪读数窗

2.1.2.3　应用实例

1. 主梁水平弯曲的测量

将经纬仪架设在主梁端部适当的位置,经纬仪的镜头中心位于主梁腹板侧面、离上翼缘板约 100 mm 处,调整镜头十字中心线与主梁两端第一块大隔板水平距离相等,以此作为基准线,在主梁跨中部位用钢直尺测量腹板与基准线的间距,即为主梁的水平方向弯曲值。负值表明主梁向走台侧凸曲,正值表明主梁向走台侧凹曲,弯曲最大的绝对值与主梁两端第一块大隔板间距离之比即为主梁水平弯曲值,如图 2-5 所示。

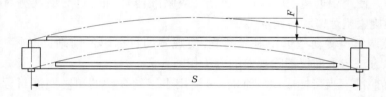

图 2-5　主梁水平弯曲的测量

2. 门式起重机支腿垂直度偏差的测量

将经纬仪架设在距支腿适当距离的地面上,调整经纬仪的转角,将镜头中心对准支腿上截面中点标记(该标记应在制造过程中标出,一般位于与主梁连接的法兰板侧面,与结构中心线基本相重合),沿着支腿的竖直方向向下转动镜筒,将镜头瞄准支腿下截面中点标记(该标记同样应在制造过程中标出,一般位于与下横梁连接的法兰板侧面,与结构中心线基本相重合)的水平位置,用钢直尺测量支腿下截面中点标记与镜头十字中心线的距离,即为支腿垂直偏差,如图 2-6 所示。

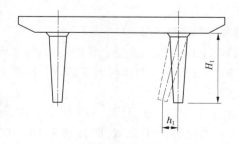

图 2-6　支腿垂直度测量

2.1.3　全站仪

全站仪,即全站型电子测距仪(Electronic Total Station),是一种集光、机、电于一体的高技术测量仪器,是集水平角、垂直角、距离(斜距、平距)、高差测量功能于一体的测绘仪器系统。因其一次安置位置就可完成该测站的全部测量工作,所以称之为全站仪。它是起重机械检验检测经常使用的一种仪器。全站仪采用了光电扫描测角系统,其类型主要有:编码盘测角系统、光栅盘测角系统及动态(光栅盘)测角系统三种。按照其外观结构可分为两类:积木型和整体型;按测量功能可分为四类:经典型全站仪、机动型全站仪、无合作目标型全站仪和智能型全站仪;按测距分类可分为三类:短测距全站仪、中测距全站仪和长测距全站仪。这里以莱卡 TPS800 系列全站仪为例,介绍全站仪的基本操作方法和注意事项。

2.1.3.1　全站仪的部件

全站仪的重要部件及功能开关见图 2-7 和表 2-2。

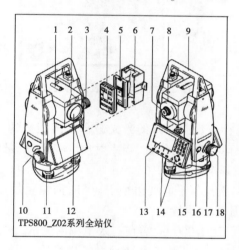

TPS800_Z02系列全站仪

1—粗瞄准器;2—内装导向光装置(选件);3—垂直微动螺旋;4—电池;5—GEB11 电池垫片;
6—电池盒;7—目镜;8—望远镜调焦;9—螺丝固定的可拆卸的仪器提手;10—RS232 串行接口;11—脚螺旋;
12—望远镜物镜;13—显示屏;14—键盘;15—圆水准器;16—电源开关;17—热触发键;18—水平微动螺旋

图 2-7　全站仪的重要部件
表 2-2　全站仪的功能开关

部件	主要功能
粗瞄准器	用于粗略瞄准目标
垂直制动微动手轮	使望远镜在竖直方向做微小转动
水平制动微动手轮	使仪器在水平方向做微小的转动
圆水准器	用来大致衡量视线是否水平、竖轴是否铅垂
管水准器	用来精确衡量视线是否水平、竖轴是否铅垂

2.1.3.2　使用要点

1. 三角架的应用

将仪器安置在三角架上,精确整平和对中,以保证测量成果的精度,应使用专用的中心连接螺旋的三角架。主要分为利用垂球对中与整平、利用光学对中器对中和利用激光点器对中。

2. 反射棱镜的应用

TPS800 系列全站仪进行距离作业时,须在目标处放置反射棱镜。反射棱镜有单(叁)棱镜组,可通过基座连接器将棱镜组连接在基座上安置到三角架上,也可以直接安置在对中杆上。棱镜组由用户根据作业需要自行配置(见图 2-8)。

图 2-8　反射棱镜及三角架

3. 测量目标的选择

全站仪是通过接受目标点反射回来的激光进行距离测量的,由于在定位时采用免棱镜模式,有时会照射在目标点以外的位置,当入射角度较小时,误差很大,因此定位时对测量目标的选择要作出一些基本要求:

(1)对平面目标,入射激光与平面夹角小于 40° 时需慎重使用,小于 15° 时,禁止使用免棱镜模式,必须用反光片配合测量。

(2)免棱镜测距最长可达 1 000 m,需在有效范围内测量。

(3)只要物体表面有足够的反射能力且反射信号稳定,则材质的差异对测距精度的影响就不明显。

2.1.3.3　测量实例

1. 上拱度和上翘度的测量

用全站仪进行测量,首先将全站仪放在地面距离吊车适当位置并调平,分别测量两支腿支点上方、跨中($S/10$ 范围内最大值)和有效悬臂端处高度值,通过计算得到上拱度值和上翘度值,如图 2-9 所示。

相关的计算公式如下:

上拱度计算:

$$S = a_2 - h_2 \qquad h_2 = \frac{a_1 + a_3}{2} \tag{2-1}$$

左悬臂上翘度:$S_1 = a_4 - h_4$,h_4 可以通过下式得出:

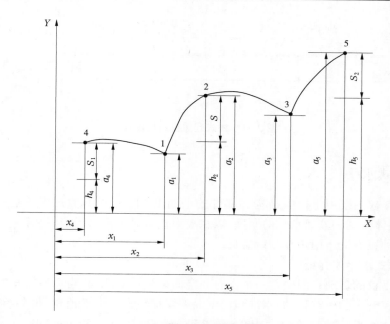

图 2-9　上拱度和上翘度的测量示意图

$$\frac{a_1 - h_4}{a_3 - a_1} = \frac{x_1 - x_4}{x_3 - x_1} \tag{2-2}$$

右悬臂上翘度:$S_2 = a_5 - h_5$,h_5 可以通过下式得出:

$$\frac{a_3 - a_1}{h_5 - a_1} = \frac{x_3 - x_1}{x_5 - x_1} \tag{2-3}$$

2. 静态刚性的测量

静载试验后,将空载小车停在主梁跨端(针对桥式起重机)或支腿中心(针对门式起重机而言,无悬臂时,小车停在极限位置),分别用全站仪测出主梁跨中和有效悬臂(如有)处的基准点标高,然后分别使小车开至主梁跨中和有效悬臂(如有)处起升额定载荷,测量跨中和有效悬臂(如有)处的基准点标高,测得同一基准点在空载与额定载荷下两数据的相对差,将跨中和悬臂处测得数值的相对差分别除以跨度和有效悬臂的长度,即为跨中静刚度和有效悬臂(如有)处静刚度,测量三次取平均值(见图 2-10)。

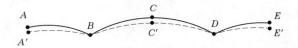

图 2-10　全站仪测量主梁静态刚性

3. 跨度的测量

以桥式起重机为例,其跨度测试部位如图 2-11 所示,测量方法为在跨度方向上两大车车轮的同侧内轮缘上做标记,该标记位于车轮中心高度且与轨道平行的水平线上,使用全站仪测量两标记间的水平距离。测量三次取平均值,再加上车轮宽度即为跨度。

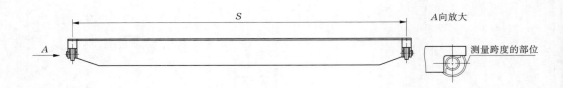

图 2-11　桥式起重机跨度测量

2.1.4　框式水平仪

框式水平仪主要用于检验结构和部件的平面度、平直度、垂直度及设备安装的水平性,是利用液体流动和液面水平的原理,以水准泡直接显示相对于水平和铅垂位置微小倾斜角度的一种正方形通用角度测量器具。

2.1.4.1　框式水平仪介绍

框式水平仪的玻璃管内壁是一个含有一定曲率半径的曲面,当水平仪发生倾斜时,气泡就向水平仪升高的一端移动,水准泡内壁曲率半径越大分辨率越高,曲率半径越小分辨率越低。框式水平仪的规格分为 100 mm、150 mm、200 mm、250 mm、300 mm,分度值为 0.02~0.1 mm/m,如图 2-12 所示。

下面说明框式水平仪的使用方法及注意事项。

2.1.4.2　使用方法

(1)框式水平仪的两个 V 形测量面是测量精度的基准,在测量中不能与工作的粗糙面接触或者摩擦。安放时必须小心轻放,避免因测量面划伤而损坏水平仪和造成不应有的测量误差。

(2)用框式水平仪测量工件的垂直面时,不能握住与副侧面相对的部位,不能用力向工件垂直平面推压,这样会因水平仪的受力变形,影响测量的准确性。正确的测量方法是手握持副侧面内侧,使水平仪平稳、垂直地(调整气泡位于中间的位置)贴在工件的垂直平面上,然后从

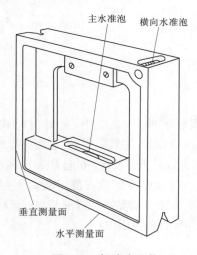

主水准泡　横向水准泡

垂直测量面

水平测量面

图 2-12　框式水平仪

主水准泡读出气泡移动的格数。

(3)使用水平仪时,要保证水平仪工作面和工件表面的清洁,以防止脏物影响测量的准确性。测量水平面时,在同一个测量位置上,应将水平仪调过相反的方向再进行测量。当移动水平仪时,不允许水平仪工作面与工件表面发生摩擦,应该提起来放置。

(4)当测量长度较大的工件时,可将工件平均分为若干尺寸段,用分段测量法,然后根据各段的测量读数,绘制出误差坐标图,以确定其误差的最大格数。然后利用下面公式计算出标准的直线度误差值。

$$\delta = nil \tag{2-4}$$

式中　n——误差曲线中的最大误差格数；

　　　i——水平仪的精度；

　　　l——每段的测量长度，mm。

（5）测量时使水平仪工作面紧贴在被测表面，待气泡完全静止后方可进行读数。

（6）水平仪的分度值是以 1 m 为基长的倾斜值，如需测量长度为 L 的实际倾斜值，则可通过下式进行计算：

$$实际倾斜值 = 分度值 \times L \times 偏差格数$$

为避免由于水平仪零位不准引起的测量误差，在使用前必须对水平仪的零位进行调整。

水平仪零位检查和调整方法：

将被检水平仪放在已调到基础稳固且大致水平的平板上（或机床导轨上），待气泡稳定后，在一端如左端（相对观察者而言）读数，且定为零，再将水平仪调转 180°，仍在原来一端（左端）读数为 a 格（以前次零读数为起点），则水平仪零位误差为 $a/2$ 格。如果零位误差超过许可范围，则需要调整水平仪零位调整机构（调整螺钉或者螺母，使零位误差减小至许可值内。对于非规定调整的螺钉、螺母不得随意拧动，调整前水平仪工作面与平板必须擦拭干净，调整后螺钉或螺母等必须紧固）。

2.2　激光测量技术

激光测量技术有着工作效率高、探测距离远、测量精度高等优点，在各行各业尤其是工程机械结构检测领域应用日益广泛。激光测量技术由最初单一的激光测距技术到三维激光扫描获取空间信息，再到与无人机、遥感卫星和摄影测量等其他不同测量技术相结合形成的测量系统，激光测量技术的测量方式在逐步改进，激光测量也已经和传统的经纬仪、全站仪等结构测量技术相结合，使传统结构检测设备逐渐向自动化、智能化发展，精确程度也逐步提高，检测项目也越来越多样化，在检测项目繁多的起重机械领域也有了广泛应用。

2.2.1　激光测距仪

激光测距仪，是利用激光对目标距离进行准确测定的仪器，是激光测量技术典型的应用体现。激光测距仪主要利用的就是激光作为测量的核心部分，具体的激光测量原理就是：$D = ct/2$。

根据这个公式，能够知道 D 指的是测量的两点之间的距离，c 是光速，t 是时间。根据这个公式，便携式激光测距仪由光电元件接收目标反射的激光束，计时器测定激光束从发射到接收的时间，即可计算出从观测者到目标的距离。

世界上第一台便携式激光测距仪诞生于 1992 年，由瑞士徕卡（Leica）公司首先研制成功。徕卡公司的 DISTO 系列手持测距仪主要包括 D2、D210、DXT、D3a、D3aBT、D5、D8 等诸多型号不同的测程产品。它们的特点是测量快（一般小于 0.4 s）、测量距离远（一般

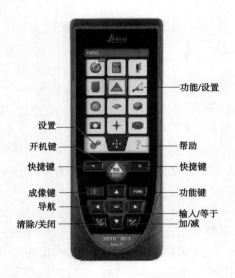

图 2-13　激光测距仪按键图

在 80~200 m）、测量精度高（一般在±1 mm）。DISTO 新型手持测距仪还可连接经纬仪组成半站仪，极大程度上打破了传统测量功能的限制。徕卡公司新一代的激光测距产品 DISTO S910 加入了蓝牙/无线数据传输、倾角传感器、光学变焦、触控屏幕等先进技术，可实现对边测量、高度跟踪、面积/体积测量、角度测量、图像测量、坐标数据测量等功能，是手持式激光测距仪的领军产品。

这里以徕卡 DISTO S910 激光测距仪为例，介绍其功能应用。

2.2.1.1　激光测距仪介绍

激光测距仪部件及功能开关见图 2-13 和表 2-3。

表 2-3　激光测距仪的功能开关

部件	主要功能
数码目标瞄准键	用于瞄准目标物
面积/体积键	用于面积测量和体积测量
延迟测量键	用于测量时的延迟
测量基准切换键	用于切换测量基准
梯形键	用于测量梯形物体面积

2.2.1.2　基本功能

激光测距仪能进行距离、面积、体积的测量；能利用勾股定理测三角；可根据需要选择机器顶部和底部作为测量标准；拥有加减计算功能；可存储数据；可自动选择公制和英制测量标准；最大最小值测量。

2.2.1.3　测量实例

激光测距仪在实际的应用中，具有测量效率高、精度高、操作简单等特点，在起重机检验中的应用，尤其是结构尺寸参数的测量，测量效率高、操作简捷方便。其中不管是桥式起重机还是门式起重机，在运用激光测距仪之后得到的数据有比较高的准确性，与钢丝绳方法和水准仪方法相比较来说，激光测距仪能够有效地减少风力及震动等外界因素造成的干扰，从而有更高的测量准确性。另外，运用激光测距仪不需要悬挂和固定，能够减少工作步骤，所以测量检验也更加方便、更为安全。

其在起重机检测方面的典型应用包括以下几个方面。

1. 主梁静态刚度

主梁静态刚度对起重机的整体可靠性与服务能力具有影响，选用激光测距仪对其进行测量,具体操作方法为:对激光测距仪进行固定,具体固定位置为可调节的支架上,再将支架设置在起重机跨度中的平整地面,对支架的高度进行调整,确保其便于操作人员正常操作。之后,再进行测量工作,对准遮挡板中心,分别测量空载和额定载荷状态下的数值,两个数值差的绝对值,其与跨度之比即为主梁静态刚度。

注意:测量时,需要根据实际情况,对激光测距仪的位置进行修正,确认测量准确,且测量时同样实施多次测量,并取均值,保证数据准确与可靠。

2.上拱度测量

利用激光测距仪、钢直尺配合水准仪能够实现对起重机主梁上拱度的测量,在测量时需要利用水准仪在起重机主梁的下面创造出一个平面,这个平面覆盖主梁的全部跨度范围。然后在起重机主梁上选取 A(最左端)、B(中间)、C(最右端)三处点位,如图 2-14 所示,用激光测距仪测量平面与主梁工字钢下翼缘面三个点的距离。具体方法是:将激光测距仪移到被测点下面,用激光测距仪上的水平装置找平,将钢直尺竖直固定在三脚架上,通过三脚架云台上的上下调节手柄调节钢直尺的位置,用水准仪目镜的水平十字线找到激光测距仪下面钢直尺参照点的刻度,使得三脚架在每一处测量时参照点能够在同一水平面上,这样测量得到的就是水准仪所选取的平面与主梁工字钢下翼缘面三个点的距离,经计算,即可得出起重机主梁上拱度的值。

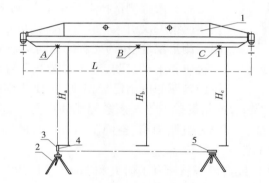

1—起重机主梁;2—三脚架;3—激光测距仪;4—钢直尺;5—水准仪。

图 2-14 利用激光测距仪上拱度测量示意图

3.跨度和轨距

关于跨度和轨距的测量,其中跨度测量首先就是要在车轮内端面或外端面上布置一个挡板作为基准面,选择基准面上一个点作为基准,激光测距仪布置在基准点上垂直于基准面,并在对面车轮不同的端面上安装一个挡板作为基准面,这个时候测量出的两个基准面数据就是准确的跨度。同样,轨距测量时,激光测距仪的测量基准点设置一般都在一侧轨道的中心线上,所以在另一侧轨道的中心线上延伸出一个挡板就能够得到精确度较高的轨距。

4.车轮对角线的误差

起重机工作中,车轮对角线可能会发生变化,由于对角线的变化,会影响对起重机的运行安全。为实现对角线误差的确认,可引入激光测距仪。具体方法:运行起重机,行驶到一段轨道上,画出一个车轮与地面接触的位置,最后实现对四个车轮位置的标记。完成后,驶离原有位置,再选用激光测距仪进行测量,测量过程中,按照激光测距仪的操作规范,实施测距操作。注意对 4 个点的对角线距离进行测定,每两条对角线的差值,则为误差。注意每条对角线的测量中,应实施多次测量,剔除异常数据,取平均值。

2.2.2　激光跟踪测量技术

激光跟踪测量技术是工业测量系统中一种先进的、高精度的空间三维坐标测量技术,它集成了激光干涉测距技术、光电探测技术、精密机械技术、计算机及控制技术、现代数值计算理论等先进技术,能够实现对空间动态目标的跟踪测量,实时检测其空间三维坐标,使得空间坐标测量的精度得到了极大的提高,能够在较大测量范围内依然保持微米级别的测量精度,极大地促进了工业测量技术的发展,对控制产品质量起到了至关重要的作用,并且出现了多种工业测量技术联合测量的趋势,形成了成熟的激光跟踪测量系统。激光跟踪仪见图 2-15。

图 2-15　激光跟踪仪

2.2.2.1　激光跟踪测量技术与应用

激光跟踪测量技术最早于 1996 年在国内开始应用,沈飞集团第一次引入了由 Leica 公司生产的 SMART310 激光跟踪测量系统,作为先进的空间三维坐标测量技术,已应用于科研和生产实践,近年来激光跟踪测量系统在国内起重机械领域的应用已经出现,主要集中在对起重机械成品及零部件的结构的尺寸测量、装配精度检测等。该系统能够在同一坐标系下实现对产品的点、线、面、圆、圆柱、圆锥、球、XYZ 直线距离、空间距离等参数的测量,也可对形位公差、曲线、曲面测量等进行评定。

激光跟踪测量技术已经在诸多领域有了研究和实际应用,其中一些研究也为该仪器在起重机械领域内的应用提供了思路和方向。在一些起重机械制造厂家,已经将激光跟踪测量技术应用在对起重机装配孔同轴度、对称度测量及主梁直线度等关键尺寸参数的测量,在自动化焊装技术广泛应用的同时,激光跟踪仪利用其动态跟踪测量的特性,能够统筹出轨迹偏差、重复定位精度、轨迹最大点误差等关键参数,对自动化焊装工作站轨迹路径进行全方面检查。

激光跟踪仪对焊接机器人运动轨迹的检查见图 2-16。

2.2.2.2　激光跟踪仪测量原理

激光跟踪仪测量目标是配套激光跟踪仪靶球,特殊的工装、复杂的零件结构、测量深度变换等因素对其测量干扰小,并且激光跟踪仪便于移动,可根据零件加工装备场柔性分布测量站位。激光跟踪仪主要由主机、控制器、反射靶球、软件系统等构成,如图 2-17 所示。该系统测量时通过精密的测距和测角系统,对放置在空间任意位置的反射靶球中心点 $P(x,y,z)$ 到跟踪仪中心点 $O(0,0,0)$ 的距离 d、水平角 α、垂直角 β 进行测量,通过下式计算,得出 P 点的三维坐标。

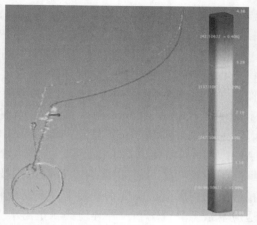

图 2-16　激光跟踪仪对焊接机器人运动轨迹的检查

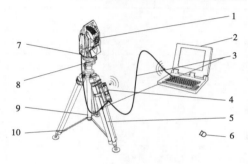

1—主机;2—工作站(含软件);3—连接线;4—控制器;5—三脚架;6—反射靶球;
7—基座;8—安装盘螺母;9—三脚架锁紧螺钉;10—支脚螺钉

图 2-17　激光跟踪仪测量系统示意图

$$P = \begin{pmatrix} x \\ y \\ z \end{pmatrix} = \begin{pmatrix} d \cdot \sin\beta \cdot \cos\alpha \\ d \cdot \sin\beta \cdot \sin\alpha \\ d \cdot \cos\beta \end{pmatrix} \qquad (2\text{-}5)$$

激光跟踪仪测距原理有两种类型,一种是干涉法测距(interferometer,IFM),另一种是绝对测距(absolute distance meter,ADM)。

(1)激光干涉测距 IFM 是采用稳频氦氖激光器作为光源,基于光学双频干涉法的原理进行距离测量。参考光束和经靶球反射回来的光束结合产生干涉条纹。当靶球位置变动时,干涉条纹发生变化,通过测量干涉条纹的变化来测量距离的变化量,因此只能测量相对距离。IFM 测距并不是由跟踪仪中心开始测量,而是以一个称为“鸟巢(Birdbath)”的位置为测距基准点,鸟巢至跟踪仪中心的距离称为基准距离,其值为一固定值,可以在仪器初始化时获得,因此跟踪头中心到空间测量点的斜距等于测得的相对距离加上基准距离。但在测量的过程中,IFM 测距模式不允许激光束被打断,否则需要重新初始化获取基准距离。目前激光跟踪仪干涉测距精度最高可达 ±0.5 μm/m,干涉距离分辨率为0.158 μm。

（2）当利用 IFM 测距时,如果激光束被遮挡而断光,则必须回"鸟巢"重新进行初始化操作,这给测量工作带来了很多不便。为了解决这个问题,Leica 研发了一种绝对测距装置 ADM,并在第二代激光跟踪仪 LTD500 中得到应用,该方法以相位测距的原理测得激光跟踪仪中心至靶球的绝对距离,测距精度全程达到 10 μm,当激光束被打断时,以 ADM 测距值作为新的基准距离,之后继续采用 IFM 测距,大大弥补了 IFM 测距的不足。ADM 测距技术最早源于 Kern ME5000 测距仪,主要原理是基于 A. H. Fizeau 于 1849 年提出的"电子"齿轮,它使用多种频率而不是固定参考尺长来测量距离。Leica AT403 激光跟踪仪是基于 ADM 原理利用相位差求得距离,虽然测量速度较慢,难以实现高速动态测量,但该方法解决了断光续接问题,搭配自动目标识别技术（automatic target recognization, ATR）,能够精确驱动伺服电机实现水平和垂直方向旋转,快速获取目标,提高了测量效率,能更好地适应复杂工业现场和户外环境的测量需求,其主要性能参数如表 2-4 所示。

表 2-4　Leica AT403 主要性能参数

性能	参数
测量距离	0.8~160 m
点测最大允许误差（MPE）	±（15 μm+6 μm/m）
ADM 距离测量	分辨率 0.3 μm
角度测量	分辨率 0.07″
采点速度	最高 10 点/s
1.4 m 基准尺 6.5 m 距离处测量结果最大偏差（MPE）	≤76 μm

2.2.2.3　激光跟踪仪在起重机测量中的应用

随着高质量发展理念的深入,传统制造业正由依靠科技创新逐步向数字化、智能化生产转型,激光跟踪测量技术在其他领域的广泛应用对起重机检测技术研究提供了新的思路,在这里通过桥架型起重机的几个传统项目对激光跟踪测量在该领域的应用前景进行探索。

1. 上拱度测量

国内桥架型起重机生产厂家普遍采用预制主梁上拱的方法来补偿由设备自重、吊运载荷、长期服役等因素产生的主梁下挠,以使带典型载重的小车在任何位置时的坡度阻力尽量最小。根据《中华人民共和国特种设备安全法》的规定,特种设备产品、部件需要按照安全技术规范的要求通过型式试验进行安全性验证,其中上拱度测量是型式试验中的重要项目,也是反映起重机安全运行和使用寿命的关键指标。

传统的上拱度测量方法人为因素影响大,测量效率低,多次测量重复性表现差,如采用钢丝绳和卷尺测量,不仅测量时需人工对正,人眼判读,还必须考虑修正值来补偿钢丝绳自重的下挠;而采用水准仪配合塔尺标高进行测量时,塔尺摆放的稳定性、测量位置的不固定、读数误差等也都会造成测量结果重复性差。

基于激光跟踪仪的测量原理,对起重机上拱度测量提出了简单直观的测量方案,如图 2-18 所示:在起重机主梁的小车运行轨道上标记两个端点（A、C）和一个中间点（B）作为测量点,两个端点尽量靠近起重机小车沿轨道运行所能到达的两端,中间点在起重机主梁的中间区域(主梁总长的 1/10)选取,将靶球匹配磁性基座沿轨道中心线固定在标记位附近,由测量得到 A、B、C 三点的空间坐标。

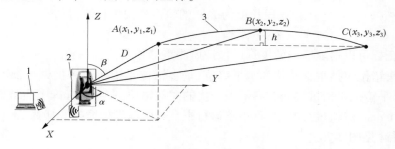

1—工作站;2—激光跟踪仪主机;3—起重机主梁

图 2-18　起重机主梁上拱度测量示意图

在起重机主梁上拱度的测试中,三个测量位置均采用同样型号的基座和靶球,基座和靶球带来的被测点实际坐标的偏移不需要考虑,可直接对靶球中心点坐标数据进行处理。利用公式计算可得到中间点 B 到 AC 点连线的垂直距离 h,该值便可视为起重机主梁目前的拱度值。

$$h = \frac{|\,n \times m\,|}{|\,n\,|} \tag{2-6}$$

式中　h ——点 B 到 AC 点连线的垂直距离;

　　　n ——点 A 到点 C 的向量;

　　　m ——点 B 到点 A 的向量。

该公式可以通过编程直接保存在激光跟踪仪测量软件内,可显著提高测量效率,减少数据处理时间。

2. 轨道几何参数评价

运行轨道包括起重机运行轨道和小车运行轨道,以小车运行轨道为例,其中直线度、轨道接头错位、轨距等都是其重要的几何状态参数,影响着起重机带载运行的稳定和安全。

直线度是指连接后的钢轨顶部在水平面内的横向偏差,在任意 2 m 范围内测量不应大于 1 mm,直线度不佳会导致小车运行蛇形、摇摆和振动,影响起重机小车平稳运行和定位(见图 2-19)。

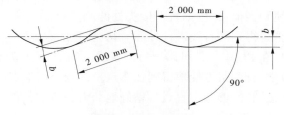

图 2-19　轨道直线度

对直线度的测量,首先应在起重机小车导轨外侧面布点,布点时可以根据需要选择合适的步长,然后用激光跟踪仪测量所布点的空间坐标,再计算出轨向。

在被检测轨道任意 2 m 范围内进行测量,以一水平参考面为 XY 平面,轨道延伸方向为 Y 轴,垂直 Y 方向为 X 轴建立空间直角坐标系,测得的单侧点坐标为 (x_1, y_1, z_1),$(x_2, y_2, z_2), \cdots, (x_n, y_n, z_n)$,则该段长度为 2 m 的轨道横向偏移测得值:

$$\{x_1, x_2, \cdots, x_i\}_{max} - \{x_1, x_2, \cdots, x_i\}_{min}$$

测量时靶标可以搭配适当的夹具以保证所测点的相对位置一致。

轨道接头错位包括垂直错位和水平错位,垂直错位是指轨道拼接处高低不平产生的上下错位,水平错位是指拼接处左右不平产生的左右错位,在产品标准中通常要求这两项数值不大于 1 mm,数值过大时,起重小车运行中会与轨道发生摩擦和碰撞,不利于起重机小车稳定运行(见图 2-20)。

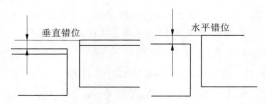

图 2-20　轨道接头错位

在进行轨道接头错位检查时,靶标也可以搭配适当的小夹具,以保证所测点的相对位置一致。垂直错位和水平错位的测量方法与轨道横向偏移的测量方法类似,垂直错位需要在轨道接头处两轨道的上端面选取相对位置一致的点位进行测量,测得两个点位的坐标值,则这两个点位的垂直高度差即可以表征轨道结构的垂直错位。水平错位则选取轨道同一侧边,对两个点位的横向偏移量进行测量,即为水平错位值。在测量过程中可以选取多个点位进行测量,提高测量精度。

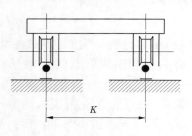

图 2-21　小车轨距

轨距是指起重小车运行线路钢轨轨道中心线之间的距离(见图 2-21)。轨距参数的大小直接影响起重机小车与轨道的侧向间隙,间隙过小会导致啃轨、摩擦、震动等现象,影响起重机运行安全。

轨距不需要进行单独测量,依据上述的测量数据可以间接计算出来:①由两条轨道同一方向外侧面的测量点坐标,可以计算左右两轨的横向相对位置关系,即为轨距数值;②依据轨道接头处的测量点的坐标,对左右两条轨道分别进行直线拟合,利用拟合得到的直线进行计算,得到轨距的数值。

实际上如果需要,在 PC 中软件可以把每一条线上的测量点拟合成一条空间曲线,形成运行轨道的三维数学模型,很方便地得到任意点坐标及与其他点的相对位置关系,相当于绘制了一张三维路谱图,能够非常直观且精确地获得轨道的各种几何状态参数。

3.加工孔几何参数评价

孔的尺寸精度一般均采用塞规检验,要求较高或需要确定孔的几何形状精度(如圆度等)时,用内径量具检验,如内径千分尺、内径千分表等。孔系的相互位置精度如孔同轴度的检验、孔距精度及孔中心线的平行度、孔中心线与端面垂直度的检验,一般生产中常用的检验方法是通过用检验芯棒、检套用普通量具测量或打表法来检验。不仅需要大量的辅助检具及时间,还因中间环节多,造成检测精度低。

以卷筒的孔为例(见图 2-22),对测量方案进行分析,在对孔的几何参数进行测量时通过仪器对内孔的多处点位进行坐标测量,利用最小二乘法把测量的点最佳拟合在一起,构造出圆柱,卷筒的两个通孔可以构造出两个圆柱,同样也就可以得到两条圆柱的中心线,以一侧圆柱的中心线作为基准轴线,可以得到两孔中心线的同轴度,也可以通过拟合圆柱中心线分析出这个轴线的偏向误差。两孔中心距分析就是利用圆柱中心点到另一条直线的距离;孔与孔之间的平行度分析就是用两圆柱中心线距离之差所计算。

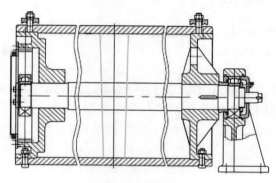

图 2-22　起重机卷筒

2.3　应力测试技术

2.3.1　概述

应力测试是验证起重机金属结构承载能力的最直接、最有效的手段。起重机金属结构在使用情况下的应力水平与设计值会有很大的差异,长期的使用、复杂的环境、不可预测量化的超载或事故对金属结构的承载能力的影响无法准确计算。利用应力测试技术,能够不受上述因素的影响,准确、快速地掌握金属结构应力分布规律,与理论值和经验值对比后评价其应力分布的合理性,并进一步计算出金属结构的安全系数,从而验证其应力水平和强度储备,准确判断其是否可以满足使用要求。

2.3.2　应力测试方法分类

应力的测试方法可以分为接触式测量方法和非接触式测量方法。传统的接触式测量方法中应用最多的主要是电阻式和光纤光栅式测量方法,主要是因为它具有测量结果稳定可靠、操作简单、精度高等优点;非接触式测量方法主要以光学测量为主,主要包括全息干涉法、散斑干涉法、散斑照相技术、云纹法、几何相位法、数字图像相关法等。基于激光光源的全息干涉法、散斑干涉法、云纹法等,需要良好的隔震环境,且光路布置比较复杂,一般在实验室进行测量,难以应用于实际工程中。数字图像相关法,光源可以直接使用自然光源或白光源,通过 CCD 相机采集图像,然后利用相关算法对图像进行处理,得到材料形变信息。由于该技术的处理对象是数字图像,随着数字化技术的不断发展,数字图像的分辨率和清晰程度进一步提高,所以数字图像相关技术的测量精度也会不断提升。

电阻式应变传感器可以用于测量应变、力、位移、加速度、扭矩等参数,具有体积小、动态响应快、测量精度高、使用简便等优点,在航空、船舶、机械、建筑等行业获得广泛应用。

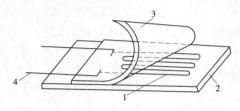

1—电阻丝;2—基片;3—覆盖物;4—引出线

图 2-23　电阻丝应变片

电阻式应变传感器可分为金属电阻应变片式与半导体应变片式两类。常用的金属电阻应变片有丝式和箔式两种。其工作原理都是基于应变片发生机械变形时,其电阻值发生变化。金属丝电阻应变片(又称电阻丝应变片)出现得较早,现仍在广泛采用。把一根具有高电阻率的金属丝(康铜或镍铬合金等,直径 0.025 mm 左右)绕成栅形,粘贴在绝缘的基片和覆盖层之间,由引出导线接于电路上,其典型结构如图 2-23 所示。

金属箔式应变片则是用栅状金属箔片代替栅状金属丝。金属箔栅系用光刻技术制造,适用大批量生产。其线条均匀,尺寸准确,阻值一致性好。箔片厚 1～10 μm,散热好,黏结情况好,传递试件应变性能好。

光纤检测技术是 20 世纪 70 年代伴随着光导纤维及光纤通信技术的发展而迅速发展起来的一种以光为载体、光纤为媒介、感知和传输外界信号(被测量)的新型检测技术,具有分布式、长距离、实时性、耐腐蚀、抗电磁、轻便灵巧等优点,因而被广泛应用于航空、航天等领域。自 20 世纪 90 年代以来,美国、加拿大、日本、德国及英国等发达国家,纷纷将光纤检测技术应用于大坝、桥梁和电站、机械及高层建筑的安全检测中,取得了令人鼓舞的进展,展示了光明的前景。光纤传感技术被国际上公认为结构安全检测最有前途、最理想的手段。

数字图像相关测量技术主要用于对材料或者结构表面的外载或其他因素作用下的变形场进行测量。它的优点十分突出,如全场测量、非接触、光路相对简单、测量视场可以调节、不需要光学干涉条纹处理、可适用的测试对象范围广、对测量环境无特别要求等。近 20 多年来,国内外实验力学工作者围绕这一技术的理论研究及其应用研究等方向做了大量的工作,取得了一大批重要的研究成果。目前,这种方法的理论体系正在逐步完善,在试验的各个技术环节上正在逐步改进,其应用研究领域也在不断扩大,已经被成功地应用于材料的力学行为、动态测量、断裂力学等方面中。

下面对电阻式和光纤光栅式及数字图像相关技术原理与应用进行介绍。

2.3.3　电阻式

2.3.3.1　定义

电阻应变片是用于测量的元件,它能将机械构件上应变的变化转换为电阻的变化,应变片是由 $\Phi = 0.02 \sim 0.05$ mm 的镀锡铜丝或镍铬丝绕成栅状(或用很薄的金属箔腐蚀成栅状)夹在两层绝缘薄片中(基地)制成。用镀银铜线与应变片丝栅连接,作为电阻片引线,当应变片发生机械变形时,电阻值就会发生变化。

2.3.3.2　技术特点

电阻应变式传感器是一种电阻式的敏感元件,它一般由基底、敏感栅、覆盖层和引线四部分组成,是将应变片粘贴或安装在被测的构件表面上,然后接入测量线路(电桥),随着构件受力变形,应变片的敏感栅也获得相应的变形,从而使其电阻发生变化。此电阻变化与构件表面的应变成比例,测量线路产生的输出信号经放大线路放大后,由指示仪表或记录仪器指示或记录。这样把力学参数如压力、载荷、位移、应力等转换成与之成比例的电学参数,就可直读出非电量,完成非电量电测,过程如图 2-24 所示。

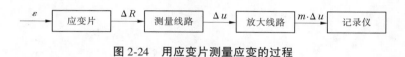

图 2-24　用应变片测量应变的过程

2.3.3.3　原理

电阻应变片的功能是将应变 ε 转换为电阻的变化 ΔR,普通电阻应变片的 $K = 2 \sim 2.5$、$R = 100 \sim 500\ \Omega$,被测材料的应变又很小,因而应变片的阻值变化也很小。为了便于测量,需要将此微小信号进行放大,这就需要电阻应变仪来完成。它的工作原理就是将应变片接入电阻应变仪的电桥线路,将应变变化信号转换为电压信号,经放大器放大后由检测仪表或记录仪器指示出应变值。电阻应变片主要由电桥、放大器、滤波器、自平衡电路、数据记录仪等几部分组成。

2.3.3.4　无线应变测试系统

无线应变测试系统是用无线应变节点对应变传感器提供的电信号进行采集、传输和处理的测试系统,系统包括对信号采集和传输的无线应变节点和信号处理的应用软件及无线网关和节点天线,主要用于金属结构静态和动态状态下的应力或应变测量,以及载荷试验等方面的测试。目前市场上无线应变测试系统种类繁多,但大都是基于电阻式应变片用无线传输技术实时采集测试数据,一种典型的无线应变测试系统如图 2-25 所示。

2.3.3.5　操作使用实例

应用该无线应变测试系统对起重机的主梁进行测试,该采集系统自带数据分析软件。

1. 点位的选取

根据结构的不同特点在不同的位置采取不同的贴片方式,比如是单个应变片还是应变花,以下以薄壁箱型通用门式起重机为例说明测试过程。

在通用门式起重机跨中主梁上表面沿主梁方向粘贴应变片,粘贴好后用万用表测量两个电阻丝之间的电阻为厂家要求标准值,测量无误后按照节点型号及对线的定义,选择所需要的接线路桥类型,连接应变片接脚引线和节点导线,确认无误后用胶带封闭。

2. 测试准备

(1)打开应变节点电源开关(Power),使应变节点面板上电源指示灯(run)变为黄色,呈 2 s 一次的闪烁,即表示节点已处于工作状态。

(2)把网关连接至测试计算机后打开软件,进入如图 2-26 的测试界面,建立以 bsp 为

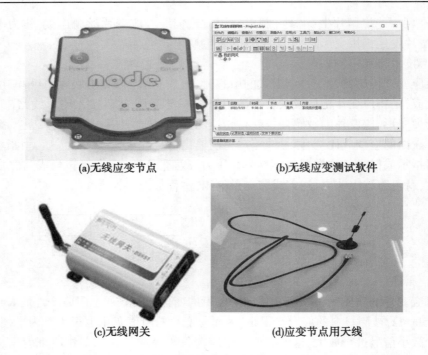

(a)无线应变节点　　　　　　　　　(b)无线应变测试软件

(c)无线网关　　　　　　　　　(d)应变节点用天线

图 2-25　一种典型的无线应变测试系统

后缀的工程文件。应变节点将自动寻找中心网关或路由节点并加入网络,在工程管理区查看"我的网关"中网络连接情况。图中"561"为网关号,"8501"为节点编号。图示状态显示网络连接完好。

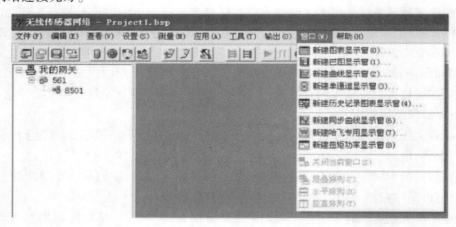

图 2-26　软件测试界面

(3)用采样控制设置界面下的控制设置按钮进行适合的采集设置,设置完成后点击采样设置按键,把设置好的参数发送给节点,包括量程、采样率、传输选择、存储选择、触发选择、触发通道、触发数值(见图 2-27)。

(4)在采样控制设置界面下的通道设置进行适合的采集设置(见图 2-28)。

(5)试验记录信息配置(见图 2-29)。

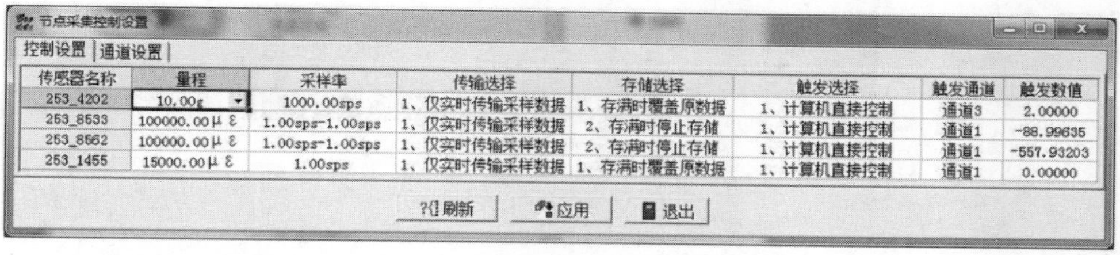

图 2-27　节点采集控制设置

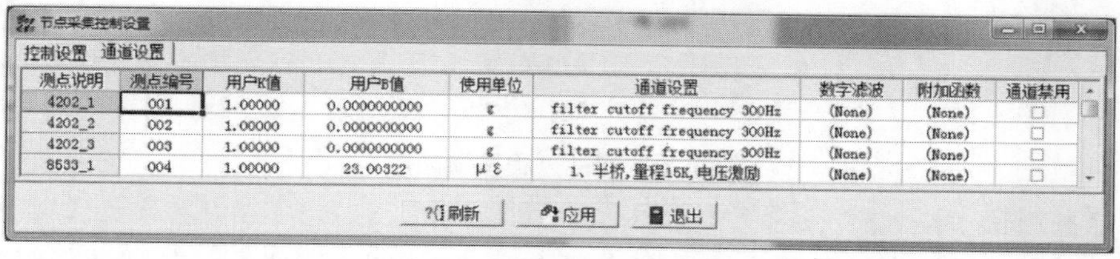

图 2-28　节点采集通道设置

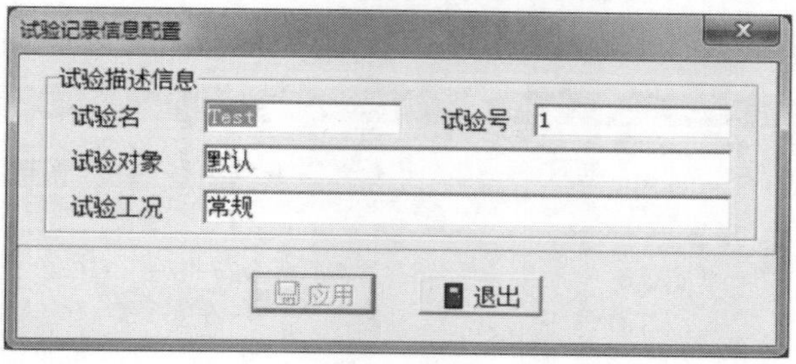

图 2-29　记录信息配置

设置试验名及试验号,进行数据存储操作,采集文件会以"试验名""试验号""#""测点通道"命名。例如：Test2#4（Test 试验第 2 次 4 通道数据）。

3. 数据采集

当以上的设置完成无误后就可以进行测试和数据采集。该系统可以对整个测试过程的应变情况进行实时采集和记录,打开记录文件记录数据并以曲线的形式表示出来。如果想要记录某一时刻的具体数值,也可以通过静态测试功能进行采集和记录,并记录在 Excel 文件中。

1) 动态测试

测试采集记录步骤：采集示波→通道数据清零→开始记录→记录停止→停止采集示波(见图 2-30)。

采集示波：开始示波键和开始记录键均有两个,前者为同步采集和同步记录,可以保证采集和记录的同步性,但要按照前面所提醒,将节点首先静态放置 10 min 以上。如果无同步要求,可以直接使用后面那个开始示波键和开始记录键。

通道显示清零：清零的目的是应变测试特有的操作,主要是平衡桥路,设置测试零点。

采集显示与数据记录存储：测试过程中采集的数据可以通过图表、曲线和单通道显示窗形式显示。

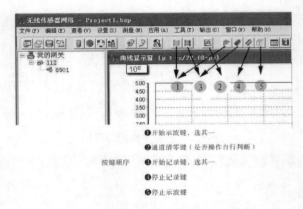

图 2-30　测试过程按键顺序

2) 静态测试

在动态测试过程中打开历史记录图表显示窗口,如图 2-31 所示,右键选择触发单次记录方式,点击手动触发后,触发的数据就会记录到数据文件中,可以打开相应的文件进行查看。

图 2-31　采集示波按钮图

4. 保存数据的查看和分析

通过数据分析软件对已保存的文件进行分析,找出需要数据。

5. 通过对测试过程中数据的分析

测出负载应力最大值,结合自重应力,得出合成应力,用钢材的屈服强度除以合成应力,然后与钢材的安全系数进行对比,得出此结构在此载荷作用下是否安全的结论(见图 2-32)。

2.3.4　光纤光栅式

2.3.4.1　概述

光纤光栅传感器属于光纤传感器的一种,基于光纤光栅的传感过程是通过外界物理参量对光纤 Bragg 波长的调制来获取传感信息,是一种波长调制型光纤传感器,在实际的起重机应力测量中,金属应变的变化通过光纤光栅传感器,反映出波长的变化,从而判断出应变及应力的变化量。光纤光栅以其抗电磁干扰、灵敏度高、体积小、重量轻、稳定性好、信号传输距离远等技术优势使光纤光栅传感器在工程机构传感中越来越广泛地被应

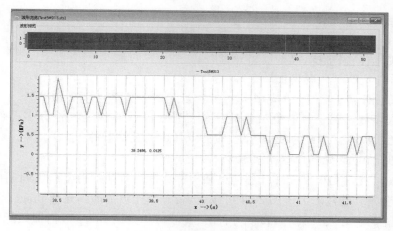

图 2-32　数据分析对话框

用。另外,该传感器可检测其温度、应力应变、振动、加速度及燃料等情况,这也正是光纤光栅传感器的一大优势。

2.3.4.2　技术特点及优势

光纤 Bragg 光栅传感器在工程领域中应用最广泛,应变直接影响光纤光栅的波长漂移,在工作环境较好或是待测结构要求精小传感器的情况下,人们将裸光纤光栅作为应变传感器直接粘贴在待测结构的表面或者是埋设在结构的内部。由于光纤光栅比较脆弱,因此在恶劣的工作环境中非常容易破坏,因而需要对其进行封装后才能使用。目前常用的封装方式主要有基片式、管式和基于管式的两端夹持式。

光纤光栅传感器主要用光纤 Bragg 光栅或其他类型光纤光栅(如长周期光纤光栅等),光纤 Bragg 光栅基本结构如图 2-33 所示。

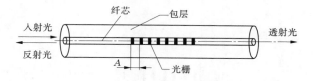

图 2-33　光纤 Bragg 光栅传感器结构

纤芯中的条纹代表折射率的周期性变化,所用光纤是一种在纤芯中掺有光敏材料(如锗、硼等)的特殊光纤。紫外曝光会使纤芯的折射率增加,光纤 Bragg 光栅就是利用光敏光纤的这一特性,用位相模板法或全息干涉法用紫外激光器将光栅从光纤侧面写入纤芯的。根据入射光、反射光、透射光及与之相关的能量和动量守恒定律得 Bragg 反射波长。

光纤光栅式应力测试仪具有灵敏度高、可靠性高、抗电磁干扰能力强的特点,该传感器和传统传感器的工作机制不同,传统传感器的工作机理是通过电信号进行传输,然后转换成应变的一种方式,所以其在传输过程中受到的外界环境干扰因素众多,可能在众多影响因素的共同作用下引发不必要的事故。在起重机的使用过程中存在环境恶劣、磁场影响等不利条件,光纤式传感器进行起重机等结构测量时有以下优势:

（1）抗电磁场干扰能力强、环境适应能力强，当光信号在光纤传输时，它不会与电磁产生作用。

（2）无源化，高灵敏度，高精度，稳定性强。

（3）体积小，质量轻，易弯曲。

（4）支持远距离传输，普遍应用于土木建筑、科研及制造等诸多领域。

（5）在大多数情况下具有低成本生产的潜质。其优越性是其他许多器件无法代替的，这使得光纤式传感器成为测量应变、应力等参数的关键器件。

2.3.4.3　光纤 Bragg 光栅传感器原理

光纤 Bragg 光栅是单模光纤纤芯通过某种特殊方式对其折射率产生周期性的调制而形成的一种全光纤器件。通过图 2-34 可以看出，一束光被传播到光纤 Bragg 光栅的时候，当反射窄带光的中心波长满足 Bragg 方程时，光波产生光栅 Bragg 反射即只能反射一种特定波长的光，这个波长称为 Bragg 中心波长（反射波长），而其他光波将透过光纤 Bragg 光栅沿着原来的方向进行传输。光栅周期 Λ 和光纤 Bragg 光栅的有效折射率 n_{eff} 决定了光纤 Bragg 光栅的反射波长，即：

$$\lambda = 2n_{\text{eff}}\Lambda \tag{2-7}$$

式中　λ——光纤 Bragg 光栅的中心波长；

　　　Λ——光栅周期；

　　　n_{eff}——光纤光栅的有效折射率。

通过式（2-7）得出，随着光栅周期和光纤 Bragg 光栅有效折射率的变化，光纤光栅中心波长也做相应的变化，而且按照一定的比例关系进行变化。当光纤光栅受到轴向应力作用变化影响时，其光栅周期 Λ 和光纤 Bragg 光栅均会发生变化，导致反射波长发生偏移（见图 2-34）。

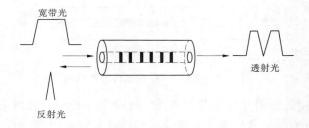

图 2-34　光纤 Bragg 光栅原理

1. 光纤光栅应力传感器的工作机制

光纤光栅作为光纤式应力传感器的核心元件，其工作机制如图 2-35 所示，光源传播到光纤 Bragg 光栅的时候，反射的中心波长被解调仪检测出来，当光纤光栅受到外界应力的作用时，由于上文提到的温度补偿方案，可以得出应力和反射波长一一对应的关系，通过解调仪测出的反射波长信息就可以反推出此时传感器受到的应力大小。

图 2-35　光纤应力传感器原理图

2. 光纤光栅传感器使用实例

1）点位选取

以门式起重机的试验样机为例,根据钢结构疲劳累计损伤的破坏位置,其首先位于疲劳应力循环应力幅较大位置,一般处于构件的表面处,根据对该结构的结构分析,确定其结构各点应力幅水平较高,并在动载响应明显的位置进行传感器的布置,如图 2-36 和图 2-37 所示。

图 2-36　整体结构中传感器布置

图 2-37　跨中底部传感器布置

在现场进行结构服役状态下的实时监测,光纤光栅应变传感器必将会受到温度变化的影响,在外载作用下为避免由于温度变化对监测的应变数据的影响,需要在主梁每个测点位置附近放置一个与该起重机材料相同的钢板,其处于不受力自由状态并在其表面粘贴温度补偿光纤光栅应变传感器,目的是使工作传感器与补偿传感器处于同一温度场,最后将温度补偿传感设备接入信号解调仪,除去因温度变化而对监测数据造成的影响。

2）测试准备

光纤光栅传感器时程采集系统的总体设计思路为：首先，将光纤光栅传感器布置在结构的危险点处；其次，实时进行该设备服役期间的实时动态监测，将采集光信号通过有线或无线传输方式，传送至传感设备的解调系统，转化为我们所需的应力信号，最终保存在计算机内存盘中。下面以 BC-S5-89 光纤光栅应变传感器为例说明测试前准备，传感器外形如图 2-38 所示。

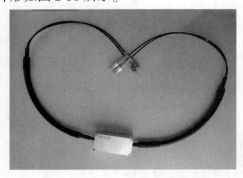

图 2-38　BC-S5-89 光纤光栅应变传感器

a. 光纤光栅传感器采样频率的确定

为满足门式起重机钢结构在采集信号监测过程中发生频混现象，一般采用低通滤波器对信号频率较高且对疲劳寿命评估影响较小的杂散噪声进行滤除，由于针对门式起重机所受应力进行分析，再加上门式起重机服役过程中不可必免地发生自身振动，不可能将高频率的波形完全去除，因此本传感系统选取数据监测频率为 50 Hz。

b. 光信号解调接收系统

外载荷作用于结构上导致结构产生内力及变形，最后会引起粘贴在结构上的光纤光栅传感器产生相对变形，来反映结构的真实内力的变化。光纤光栅信号解调首先完成光信号相对变化的探测，其次将光信号的变化转换为物理微应变的变化，最终通过人机交换系统将物理微应变显示出来。解调过程是这样的：首先，将传感器通过跳线与解调仪相连；其次，打开光纤光栅解调仪器并打开光纤光栅解调处理软件，读取光纤光栅传感器初始波长，进而检查传感器的健康状况，并输入传感器的相关系数，选定储存和采集频率；再次，确认存储路径，最终信号数据将存储到该路径中；最后，点击软件启动按钮，此刻软件开始采集传感器变化，并以应变的数据形式存储到所选路径。

本例选用 BC-CM-104-100 型光纤光栅解调仪，如图 2-39 所示。

图 2-39　BC-CM-104-100 型光纤光栅解调仪

3）数据采集与存储

测试的软件程序主界面如图 2-40 所示。

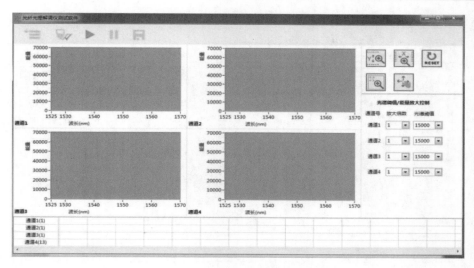

图 2-40　程序主界面图

该程序界面上方为功能按键区,下方为程序子功能界面区。点击查看软件与硬件的连接状态,确认过软件基本功能的可靠性,就可进行实际的测试采集工作。

(1)调出光谱子界面(见图 2-41)和波长子界面(见图 2-42)。

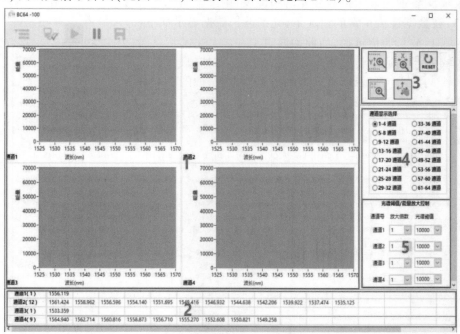

图 2-41　光谱子界面显示图

(2)在数据连接正常的情况下,光谱数据显示如下:

区域 1:显示通道 1~4 的光谱曲线;

区域 2:显示通道 1~4 的光谱数据;

区域 3:光谱曲线显示调整按钮;

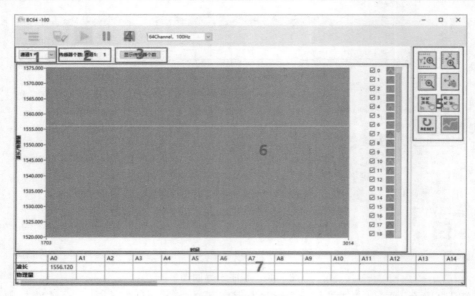

图 2-42　波长子界面显示图

区域 4：通道显示切换；

区域 5：各通道放大倍数和光谱阈值设置。

（3）在数据连接正常的情况下，光谱波长数据显示如下：

区域 1：波长通道选择，当前为通道 1；

区域 2：当前通道传感器个数；

区域 3：点击可显示所有通道的传感器个数，如图 2-43 所示。

Show Sensor Nums							✕
CH1: 1	CH2: 12	CH3: 1	CH4: 9	CH5: 0	CH6: 0	CH7: 0	CH8: 0
CH9: 0	CH10: 0	CH11: 0	CH12: 0	CH13: 0	CH14: 0	CH15: 0	CH16: 0
CH17: 0	CH18: 0	CH19: 0	CH20: 0	CH21: 0	CH22: 0	CH23: 0	CH24: 0
CH25: 0	CH26: 0	CH27: 0	CH28: 0	CH29: 0	CH30: 0	CH31: 0	CH32: 0
CH33: 0	CH34: 0	CH35: 0	CH36: 0	CH37: 0	CH38: 0	CH39: 0	CH40: 0
CH41: 0	CH42: 0	CH43: 0	CH44: 0	CH45: 0	CH46: 0	CH47: 0	CH48: 0
CH49: 0	CH50: 0	CH51: 0	CH52: 0	CH53: 0	CH54: 0	CH55: 0	CH56: 0
CH57: 0	CH58: 0	CH59: 0	CH60: 0	CH61: 0	CH62: 0	CH63: 0	CH64: 0

图 2-43　传感器数量显示

区域 4：点击显示保存配置界面，配置完成点击确认，开始数据保存，保存的数据可以通过数据库客户端查看；

区域 5：波长曲线显示调整按钮区；

区域 6：选中通道的波长曲线显示；

区域 7:波长数据显示。

4)保存数据的查看和分析

在数据库客户端调出保存的数据,通过公式 $\sigma = \varepsilon E$ 转化为应力,找出负载应力最大值,结合自重应力,得出合成应力,用钢材的屈服强度除以合成应力,得出安全系数,此安全系数与设计时的安全系数相比,得出此结构在此载荷作用下是否安全的结论。

2.3.5　数字图像相关测量技术

近年来随着数码采集技术工业化的发展,数字图像相关(Digital Image Correlation)测量技术迅速发展成为一种光力学测量技术。当相干光从粗糙表面反射,由于干涉会在表面形成不规整强度分布亮斑,亮斑包含物体表面信息,通过对散斑信息处理可以测量位移、应变。而白光散斑是利用试件表面自然或人工形成的散斑图像在变形或位移后的相关性来确定变形量或位移量。

2.3.5.1　DIC 技术特点

DIC 技术主要对结构表面在外载或其他因素作用下的变形场进行测量。该方法具有全场测量、非接触、光路简单、测量视场可以调节、不需要光学干涉条纹处理、测试对象适用范围广、对测量环境无特别要求等突出的优点。但是在以下几个方面仍存在很大的提升空间:

(1)DIC 技术的计算精度主要依赖于图像分辨率和视场尺寸,因此很难对大型试样进行微小变形测量;

(2)DIC 技术计算速度偏慢,难以满足工业检测中的实时性要求;

(3)DIC 技术对光源有一定要求,光照的影响不能被忽视,同一个试件用不同的光照拍摄的灰度图像不一样,这也是很多研究者比较关心的问题。

2.3.5.2　DIC 技术相关算法

数字图像相关测量技术是通过对目标对象进行图像采集、图像数字化,处理物体在不同变形状态或者不同变形时刻的两幅数字图像,从而得到面内位移分量。具体位移测量过程为:采集物体变形前后的两幅数字图像,选取变形前图像中一小块特征区域定义为样本子区,变形后的图像中与样本子区对应的那一块图像定义为目标子区。物体发生变形或移动,在像平面上特征区域的位置也随之移动,由于物与像之间具有固定对应的倍数关系,如果能够准确地测量出像平面中特征区域的移动量,就能准确地计算出物平面中特征区域的移动量,实现位移的非接触测量。目标子区和样本子区之间的对应关系为变形量在图像中的信息,通过相关运算就能实现特征区域在像平面中位移信息的提取。

图像子区采样如图 2-44 所示。I_1 为物体特征区域在变形或移动前在像平面上数字图像,物体特征区域随着物体的移动而发生移动,移动以后其在像平面位置对应 I_2 区域,将位移前后的特征图像所在区域分别定义为样本子区和目标子区。样本子区与目标子区之间移动像素数即为特征区域图像在像平面移动量。由于移动前后特征区域数字图像具有一定相似性,不考虑变形和数字噪声的影响,则样本子区和目标子区除去在图像中位置不同外,应该具有相同的灰度分布,即样本子区与目标子区具有相似性,实际测量过程中由于噪声和移动物体变形影响,样本子区和目标子区灰度分布不可能完全相同,但这两个区域的灰度分布具有极大的相似性。选定样本区域后,通过在变形后图像中不断改变选择目标子区位置,直至样本区域与选择的目标子区相似度最高,则认为选择的目标子区为移动后特征区域图像所在位置。特征区域在像平面中的移动量便可计算出来。

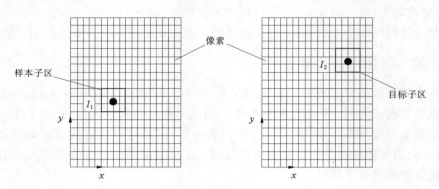

图 2-44　数字图像相关测量技术运算示意图

2.3.5.3　应用案例

桥架型起重机主梁一般高度较高,监测主梁下沿变形量就需要对主梁下沿成像,也就是处于斜轴成像状态,这时相关算法计算像素值与主梁实际移动像素数之间关系满足斜轴成像条件下物像平面位移关系,忽略弥散斑影响,物距足够大情况下满足下式:

$$y_0 = \frac{u - f}{f\cos\alpha} y_1 \tag{2-8}$$

式中　u——物距;

　　　f——焦距;

　　　α——光轴与水平面的夹角;

　　　y_1——像的长度;

　　　y_0——物的长度。

物镜焦距 f 可以通过定标精确测量,光轴与水平面的夹角 α 可以通过系统中集成倾角传感器进行测量,角度测量误差一般小于 1°。物距 u 通过集成测距仪测量系统到被测移动面之间距离,像平面移动量 y_1 通过图像相关算法计算可得。通过上式及测量的角度 α、物距 u、像平面移动量 y_1 可得物平面观测点移动实际距离。测量系统示意图如图 2-45 所示。

测量过程如下:图像采集系统稳定放置在三角架上,将测量仪放置在距离起重机主梁一定距离处,一般可取 20~30 m,调节成像系统,使待测区域位于采集图像中心,被测区域成像清晰。利用距离传感器和角度传感器测量物距 u 及设备光轴与水平面夹角 α。

起重机空载时采集起重机主梁数字图像作为待测图像 1。起重机加载后待主梁振动稳定,采集主梁变形后的数字图像作为待测图像 2。选取图像中移动边界作为相关子区,计算两幅数字图像边界在图像中移动像素数,即主梁在加载前后在像平面的移动像素数,根据系统焦距、物距及成像系统倾角可计算加载前后被测位置移动量。

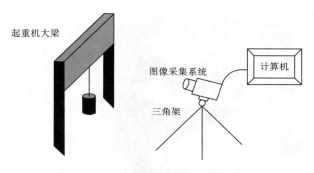

图 2-45　测量系统原理图

2.4　其他结构健康检测技术

随着精密制造技术、光电技术、控制技术和通信技术的迅速发展,目前已经出现了许多高精度的空间结构测量系统,主要可分为正交坐标测量技术和非正交坐标测量技术两大类。由于以坐标测量机为主的正交坐标测量技术测量尺寸范围较小,不适合大尺寸的起重机械制造装配的工业测量,这里主要介绍几种先进且应用较为成熟的非正交坐标测量技术,主要包括 iGPS 测量系统、数字工业摄影测量系统、关节臂坐标测量系统。

2.4.1　iGPS 测量系统

iGPS 测量系统是一种具有高精度、高可靠性和高效率的室内 GPS 系统,主要利用三边测量原理建立三维坐标体系来进行测量。该测量系统中的测量探测器会根据激光发射器投射光线的时间特征参数来计算探测器相对于发射器的方位和俯仰角,将模拟信号转换成数字信号,并发送给接收处理器系统,处理器系统采用光束法平差原理实现各发射器之间的系统标定,然后采用类似于角度空间前方交会的原理解算空间点位坐标及其他位置信息。iGPS 测量系统对大尺寸的精密测量提供了一种全新的方法,解决了过去像飞机外形、大型船身等大尺寸对象的精密测量问题(见图 2-46)。

2.4.2　数字工业摄影测量系统

数字工业摄影测量技术是随着摄影测量技术、计算机技术和遥感技术的发展而形成的新兴技术,是指对目标进行摄影并确定其外形、形态和几何位置的技术。

该测量系统一般由相机、人工标志、基准尺、定向靶及软件系统组成,测量方式主要分为单相机脱机测量、多相机联机测量。该系统是一种非接触测量系统,并且对现场环境没有特别的要求,受环境因素的影响较小,如温度变化、震动等,测量速度较快,精度高,适合对人员无法到达区域进行测量。此外,还较适合一些批量点和面型测量。数字工业摄影测量系统的测量范围一般不超过 10 m,典型的测量精度为 1∶10 万,因受测量距离限制,多应用于大型天线、航空飞机等面型特征丰富的测量。

随着科技的不断进步、研究的不断深入,数字工业摄影测量将向实时近景摄影测量发

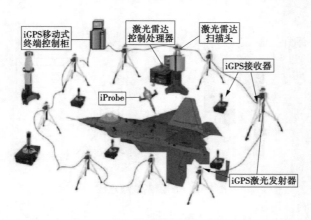

图 2-46　iGPS 测量系统工作示意图

展,它将成为对非地形目标进行测量的主要手段。图 2-47 是一种便携式的数字工业摄影测量系统。

图 2-47　一种便携式的数字工业摄影测量系统

2.4.3　关节臂坐标测量系统

图 2-48　FARO 机械测量臂

关节臂坐标测量系统是一种便携接触式测量仪器,主要由测量臂、码盘、测头等组成,其基本原理是:采用类似于空间支导线的方式来获取待测点的三维坐标。该系统具有测头安置灵活、不需要测点间的通视就可以实现测量的特点,对一些隐藏点的测量比较有效,如汽车生产制造中车身内点的测量,目前的生产厂家主要有 Faro 和 Romer。该系统存在的最大缺点就是受关节臂长度的限制,导致其测量范围非常有限,单站也就几米的测量范围,实践应用中一般可以采用“蛙跳”的方式(公共点坐标转换),即多站位的联合测量来扩大量程,或与一些专用导轨组合测量来扩大其测量范围。此外,有的在测头处安装小型激光扫描仪来实现对工件的三维扫描测量,该类系统又称为激光扫描测量臂。图 2-48 为 FARO 机械测量臂。

对几种典型的空间测量系统的具体特点进行对比如表 2-5 所示。

表 2-5　典型的大尺寸空间测量系统对比

系统类型	测量范围	点位精度	测量原理	测量效率	特点
经纬仪测量系统	20 m	0.05 mm/5 m 0.1 mm/10 m	空间角度前方交会	人工照准	非接触式测量,良好的便携性,测量精度与操作人员水平相关,自动化程度低
全站仪测量系统	0.5~1 km	0.5 mm/30 m	球坐标测量	点/3 s	测量范围大,自动化程度低,精度一般
iGPS 测量系统	40 m	0.12 mm/10 m	空间角度前方交会	20 点/s	多任务测量,测量速度快,受交会角影响,发射器稳定性要求高,接触式测量
数字工业摄影测量系统	10 m	1/10 万	空间相片交会	1 000 帧/s	便携性好,精度高,点批量测量,非接触式,测量范围有限
关节臂坐标测量系统	4 m	0.08 mm	空间支导线	人工测量	便携性好,不需要通视,测量灵活,测量范围小,接触式测量
激光跟踪仪测量系统	80~160 m	15 μm+ 6 μm/m	球坐标测量	最高 3 000 点/s	测量范围大,精度高,自动化程度高,接触式测量

第 3 章　无损检测和故障诊断技术

3.1　无损检测技术

　　起重机械安全运行的实现是建立在材料(或构件)高质量基础之上的,为确保这种优异的质量,必须采用不破坏产品原来的形状、不改变使用性能的检测方法,对产品进行百分之百的检测(或抽检),以确保产品的安全可靠性,这种技术就是无损检测技术。

　　无损检测以不损害被检验对象的使用性能为前提,运用多种物理和化学手段,对各种工程材料、零部件、结构件进行有效的检验和测试,借以评价它们的连续性、完整性、安全可靠性及某些物理性能。包括探测材料或构件中是否有缺陷,并对缺陷的形状、大小、方位、取向、分布和内含物等情况进行判断;还能提供组织分布、应力状态及某些机械和物理量等信息。无损检测技术的应用范围十分广泛,已在机械制造、石油化工、造船、汽车、航空航天和核能等工业中被普遍采用。无损检测工序在材料和产品的静态和(或)动态检测及质量管理中,已成为一个不可缺少的重要环节。

3.1.1　起重机械中的应用

　　常规无损检测方法是目前应用较广又比较成熟的无损检测方法。这些方法包括:射线检测(RT)、超声检测(UT)、磁粉检测(MT)和渗透检测(PT)等,此外声发射检测技术及磁记忆检测技术的应用也逐渐广泛起来。

　　起重机械种类繁多,不同的起重机械应按其设计、制造、检验、试验和验收等技术条件进行检测。主要针对不同部件和特殊结构易产生缺陷的类型而采用相应的无损检测方法,并以相应的检测工艺和标准进行探讨和评价。

　　起重机械的所有零部件,如吊钩、电磁铁、真空吸盘、集装箱吊具及高强螺栓、钢丝绳套管、吊链、滑轮、卷筒、齿轮、制动器、车轮、锚链和安全钩等,以及金属结构的本体和焊缝,如主梁腹板、盖板和翼缘板等对接焊缝,均不允许存在裂纹等损伤,各机构在试验后也不允许出现裂纹和永久变形等损伤;大部分摩擦部件,如抓斗铰轴和衬套、吊具、钢丝绳、吊链环、滑轮、卷筒、齿轮、车轮等表面磨损量也都有严格的规定;某些部件及其焊缝,如吊钩、真空吸盘、集装箱吊具金属结构、金属结构原料钢板、各机构焊接接头等内部缺陷的当量尺寸也有明确规定;某些专用零部件,如钢丝绳等,也有专用的质量要求;有的对表面防腐涂层厚度也有规定。具体要求可参考各种起重机械及零部件的技术规范,必须根据相应的技术要求针对不同的检测对象采用适当的无损检测方法。

3.1.2　渗透检测

　　渗透检测(PT)是一种典型的无损检测方法,包括渗透、多余渗透剂的去除、显像等过程,从而在表面开口不连续处形成可见的显示。渗透检测是五大常规检测方法之一,也是原理最简单的无损检测技术之一,广泛应用于各行业非多孔工件的检测。其中着色渗透检测在起重机械、锅炉、压力容器等特种设备行业及机械行业应用广泛。

3.1.2.1　原理

渗透检测是一种以毛细作用(或毛细现象)和固体染料在一定条件下通过发光的现象来检查非多孔性材料表面开口缺陷的无损检测方法。

渗透检测的工作原理是:将溶有着色染料或荧光染料的渗透剂施加于工件表面,在毛细作用下,经过一定时间,渗透剂渗入到表面开口缺陷中,然后去除工件表面上多余的渗透剂,经干燥后,再在工件表面施加显像剂,缺陷中的渗透剂渗出到显像剂中,在可见光或黑光下观察,缺陷处呈鲜艳红色或黄绿色荧光显示,从而观察到缺陷的形貌和分布状态。

3.1.2.2　特点

1. 渗透检测的优点

(1)渗透检测可检查金属(钢、耐热合金钢、铝合金、镁合金、铜合金)和非金属(陶瓷、塑料)工件的表面开口缺陷,如:裂纹、折叠、气孔、夹渣、冷隔和疏松等。这些表面开口缺陷,特别是细微的表面开口缺陷,一般情况下,直接用目视检查是难以发现的。

(2)渗透检测不受被检工件化学成分的限制,不仅可以检查铁磁性材料和非钛磁性材料,也可以检查黑色金属和有色金属,还可以检查塑料、陶瓷及玻璃等非金属。

(3)渗透检测不受被检工件组织结构的限制,不仅可以检查焊接件和铸件,也可以检查压延件和锻件,还可以检查机械加工件。

(4)渗透检测不受缺陷形状(外形或体积)、尺寸和方向的限制,一次渗透检测即可同时检查开口于表面的所有缺陷。

(5)渗透检测缺陷显示直观,较容易判断。

2. 渗透检测的缺点

(1)渗透检测对工件表面有污染物或机械处理(如喷丸和研磨等)后开口被堵塞的缺陷不能有效地检出。它也不适用于检查多孔性或疏松材料制成的工件,因为检查多孔性材料时,整个表面会呈现较强的红色(或荧光)背景,掩盖缺陷显示。

(2)渗透检测只能检出缺陷在工件表面的分布,不能确定缺陷的深度,难以定量地控制检测操作质量。检测结果受检测人员的经验、认真程度和视力敏锐程度的影响较大。

3.1.2.3　渗透检测在起重机械上的应用

渗透检测在起重机械上的应用主要是检测金属结构件的焊缝缺陷,特别是危险性较大的焊缝表面开口裂纹。因为材料和结构形状等原因,有些部件或部位不利于磁粉探伤仪的操作,用其他无损检测方法也难以取得理想的检测效果,此时渗透检测便成为唯一可选的无损检测方法。

渗透检测前一般必须对检测表面进行清洁和干燥处理,表面不得有影响渗透效果的铁锈、氧化皮、焊接飞溅、铁屑、毛刺及各种防护层等。要求被检工件的表面粗糙度 $R_a \leqslant$ 12.5 μm。在对检测剂灵敏度和检测工艺进行对比试块的测试合格后即可进行渗透(一般持续时间<10 min)、清洗、干燥(5~10 min)、显像(一般<7 min)等检测程序。如果检测部位所处环境较昏暗或观察条件不佳,也可采用灵敏度更高的荧光渗透剂,方便准确观

察,并对结果进行记录,试验结束后对检测处进行清洗。

3.1.3 磁粉检测

磁粉检测(MT),又称为磁粉探伤或磁粉检验,是五种应用较为广泛的常规无损检测方法之一。磁粉检测的对象是铁磁性材料,包括未加工的原材料(如钢坯),加工后的半成品、成品及在役或使用中的零部件。磁粉检测的基础是缺陷处漏磁场与磁粉间的相互作用。在铁磁性工件被磁化后,由于材料不连续性的存在,工件表面和近表面的磁力线在材料不连续处发生局部畸变而产生漏磁场,吸附施加在工件表面的磁粉,形成了在合适光照下目视可见的磁痕,从而显示出材料不连续性的位置、形状和大小,通过对这些磁痕的观察和分析,就能得出对影响制品使用性能的缺陷的评价。

3.1.3.1 原理

磁粉检测是利用磁现象来检测工件中的缺陷,它是漏磁检测方法中最常用的一种。磁粉检测法是用磁粉作为漏磁场的检测介质,利用磁化后工件缺陷处漏磁场吸引磁粉形成的磁痕显示,从而确定缺陷存在的一种检测方法。磁粉检测法简单、实用,灵敏度较高,成本也较低廉,适用于多种场合和不同产品,因而在生产实际中得到广泛应用。

磁粉检测原理:铁磁性材料在磁场中被磁化时,材料表面或近表面由于存在的不连续磁力线或缺陷会使磁导率发生变化,即磁阻增大,使得磁路中的磁力线(磁通)相应发生畸变,在不连续或缺陷根部磁力线受到挤压,除了一部分磁力线直接穿越缺陷或在材料内部绕过缺陷外,还有一部分磁力线会离开材料表面,通过空气绕过缺陷再重新进入材料,从而在材料表面的缺陷处形成漏磁场。当采用微细的磁性介质(磁粉)铺撒在材料表面时,这些磁粉会被漏磁场吸附聚集,形成在适合光照下目视可见的磁痕,从而显示出不连续的位置、形状和大小。磁粉检测的物理基础是漏磁场,如图3-1所示。

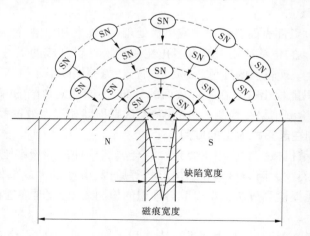

图 3-1 磁粉受漏磁场吸引

磁粉检测利用了钢铁制品表面和近表面缺陷(如裂纹、夹渣、发纹等)磁导率与钢铁磁导率的差异,磁化后这些材料不连续处的磁场将发生畸变,形成部分磁通,泄漏出工件表面而产生了漏磁场,从而吸引磁粉形成缺陷处的磁粉堆积——磁痕,在适当的光照条件下,显现出缺陷的位置和形状。对这些磁粉的堆积加以观察和解释,就实现了磁粉检测。

3.1.3.2 磁粉检测设备及标准试片(块)

1. 便携式电磁轭型探伤仪

磁粉检测设备通常按其使用方法分为固定式、移动式和便携式三类,起重机械因其设备自身特点,常用便携式磁粉探伤仪进行检测。便携式磁粉探伤仪体积小,重量轻,也称为手提式磁粉探伤仪。这种设备的机动性、适应性最强,可用于各种现场作业。

便携式电磁轭型探伤仪,它的原理是磁轭法。磁轭法是利用电磁轭与工件形成闭合磁路,从而对工件实施纵向磁化的方法,便携式电磁轭可以采用两极间距可调的活动式结构,通常用于对工件局部进行磁化。当电流通过电磁轭的激磁线圈时,铁芯磁轭两极与工件形成闭合磁路,工件中形成一个纵向磁场使工件磁化。如果工件表层存在横向缺陷,就可以形成缺陷磁痕,显示缺陷。用磁轭法磁化工件,由于磁力线在工件和轭铁中形成闭合回路,磁通损失很少,几乎不存在退磁场,磁化效果好,灵敏度高。同时电流不与工件接触,不会烧伤工件。便携式磁轭轻便小巧,不受使用场合、工件复杂程度的限制(见图 3-2)。

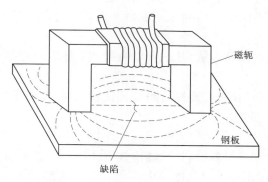

图 3-2　便携式电磁轭示意图

2. 标准试片(块)

标准试片(块)是磁粉检测必备的测试工具,带有已知缺陷(含人工和自然缺陷),它可以用来检查和评定设备的性能、磁粉和磁悬液的性能、磁化方法和磁化规范选择的是否得当、操作方法是否正确等;也可用来检查和评定磁粉检测的综合灵敏度,必要时可以测试工件表面的磁场分布,确定磁化规范,对于确保检测灵敏度、检测结果的可靠性都非常有益。

3. 磁场指示器

磁场指示器如图 3-3 所示,它是由八块低碳钢三角形薄片(厚度为 3.2 mm)以铜焊的方法拼装在一起,试块的一面与 0.25 mm 厚的铜皮焊牢,然后安装一个非磁性的手柄。它的用途与 A 型标准试片类似,但比其经久耐用,便于操作。使用时,将指示器铜面朝上,碳钢面贴近工件被检面,用连续法给铜面上施加磁悬液,观察磁痕显示。

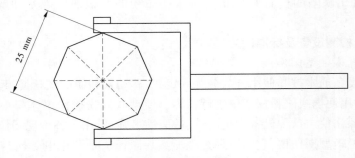

图 3-3　磁场指示器

3.1.3.3　特点

1. 磁粉检测的优点

(1)可发现裂纹、夹杂、发纹、白点、折叠、冷隔和疏松等缺陷,缺陷显现直观,可以一目了然地观察到它的形状、大小和位置。根据缺陷的形态及加工特点,还可以大致确定缺陷是什么性质(裂纹、非金属夹杂、气孔等)。

(2)对工件表面的细小缺陷也能检查出来,也就是说,具有较高的检测灵敏度。一些缺陷(如发纹)宽度很小,用磁粉检测也能发现。但是太宽的缺陷将使检测灵敏度降低,甚至不能吸附磁粉。

(3)只要采用合适的磁化方法,几乎可以检测到工件表面的各个部位,不受工件大小和形状的限制。

(4)与其他检测方法相比较,磁粉检测工艺比较简单,检查速度也较快,相对来说所需要的检查费用也比较低廉。

2. 磁粉检测的缺点

(1)只能适用于铁磁性材料,而且只能检查出铁磁工件表面和近表面的缺陷,一般深度不超过 1~2 mm(直流电检查时深度可大一些),对于埋藏较深的缺陷则难以奏效。磁粉检测不能检测奥氏体不锈钢材料和用奥氏体不锈钢焊条焊接的焊缝,也不能检测铜、铝、镁、钛等非磁性材料。

(2)检查缺陷时的灵敏度与磁化方向有很大关系。如果缺陷方向与磁化方向平行,或与工件表面夹角小于 20°,缺陷就难于显现。另外,表面浅的划伤、埋藏较深的孔洞及锻造褶皱等,也不容易被检查出来。

(3)如果工件表面有覆盖层、漆层、喷丸层等,将影响磁粉检测灵敏度。覆盖层越厚,这种影响越大。

(4)由于磁化工件绝大多数是用电流产生的磁场来进行的,因此需要较大的电流。而且磁化后一些具有较大剩磁的工件还要进行退磁。

3.1.3.4　磁粉检测在起重机械中的应用

起重机械的钢结构和零部件及焊缝表面都不允许存在裂纹,鉴于一般起重机械材料多是钢材,磁粉检测也就成为其最常用的无损检测手段之一。磁粉检测主要应用在起重机械的金属结构件连接焊缝缺陷的检测方面,磁粉检测能够快速找出焊缝中夹杂的焊接裂纹、白点等缺陷问题,可以对焊缝表面和近表面的缺陷进行检测。

一般使用便携式电磁轭型探伤仪对起重机焊缝进行磁粉检测。检测时,先要对受检表面进行清洁和干燥处理,要求表面不得有油脂、铁锈、氧化皮或其他黏附磁粉的物质。一般以打磨处理为主,打磨后要求工件表面粗糙度 $R_a \leqslant 25~\mu\mathrm{m}$。在对工件进行灵敏度测试合格后即可对工件进行磁化检测,磁化时间一般为 0.5~2 s,同时施加适量的磁悬液,应保证磁粉浓度均匀,并在停施磁悬液至少 1 s 后方可停止磁化。建议对每个受检区域进行两次 90°方向的磁化检测,以降低漏检率。如果检测部位所处环境较昏暗或观察条件不佳时,可采用灵敏度更高的荧光磁粉。检测发现缺陷后,可以将胶带纸粘在磁痕上,再将粘有磁痕的胶带纸揭下作为记录保存,用以评定焊缝缺陷程度。

3.1.4　超声检测

超声检测(UT)是利用材料本身或内部缺陷的声学性质对超声波传播的影响,非破坏性地探测材料内部和表面缺陷的大小、形状、分布状况及测定材料性质。超声检测应用范围广,无论是金属、非金属,还是复合材料都可进行检测,而且对内部缺陷的检测非常有效,是常规无损检测方法之一。

超声检测技术的特点是应用范围广、穿透能力强、设备轻便,但定量不准确、定性困难。常用检测技术有穿透法、反射法、串列法、液浸法等。可检测焊缝、锻件、铸件、板材和型材等。超声检测技术发展活跃,相控阵、TOFD、导波等新技术不断涌现。

3.1.4.1　原理

利用超声波对材料中的缺陷进行检测,依据的是超声波在材料中传播时的一些基本特性,如:超声波在材料中传播时能量会发生衰减;在传播到异质界面时,会发生反射、透射和波型转换等,常用的频率为 0.5~25 MHz。其主要过程如下:

(1)用某种方式向被检测的材料中引入超声波,或直接激励被检测的材料产生超声波。

(2)超声波在材料中传播并与材料相互作用,其特征量或传播方向发生改变。

(3)改变后的超声波又被检测设备接收到,以适当方式显示出来。

(4)对接收到的超声波信号的特征进行分析,评估材料本身及其内部存在的缺陷的特性。

以脉冲反射法为例,由声源产生的脉冲波引入被检测的材料中后,超声波就会沿特定的方向,以恒定的速度向前传播。随着传播距离的增大,超声波的强度由于扩散和材料内部引起的散射和吸收衰减而逐渐减小。当遇到异质界面时,部分超声波会被反射(或折射)。这种界面可能是材料中某种不连续,如裂纹、孔洞等,也可能是材料的外表面与空气或水的界面。反射的程度取决于界面两侧声阻抗差异的大小,在金属与气体的界面上几乎全部反射。通过探测分析反射脉冲信号的幅度、传输时间等信息,可以确定缺陷的存在,评估其大小、位置。

图 3-4 所示为脉冲反射法的基本原理。当试件完好时,超声波可顺利传播到底面,检测图形中只有表示发射脉冲 T 及底面回波 B 两个信号。若试件中存在缺陷,则在检测图形中,底面回波前有表示缺陷的回波 F。当试件的材质和厚度不变时,底面回波高度应是基本不变的。如果试件内存在缺陷,则底面回波高度会下降,当缺陷达到一定尺寸时,底

波会消失。当透入试件的超声波能量较大而试件厚度较小时,超声波可在检测面与底面之间往复传播多次,显示屏上出现多次底波 B_1、B_2、$\cdots$、B_n。如果试件内部存在缺陷,则底面回波次数会减少,同时显示出缺陷回波。检测时可根据底面回波次数和有无缺陷来判断工件质量。

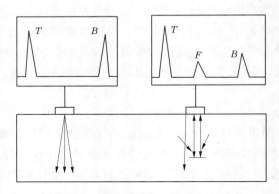

图 3-4　脉冲反射法的基本原理

3.1.4.2　特点

超声检测的适用范围非常广泛。从检测对象的材料来说,不仅适用于各种金属材料的检测,而且还可适用于一些非金属材料的检测;从检测对象的制造加工工艺来说,机加工件、锻件、铸件、焊接件、复合材料构件等各种加工工艺加工的零部件都可以进行超声检测;从检测对象的形状来说,可以是板材、棒材、管材等;从检测对象的尺寸来说,厚度可小至 1 mm,也可大至数米;从检出缺陷的特点来说,既可以检测表面缺陷,也可以检测内部缺陷。

1. 超声检测的优点

(1)适用于金属、非金属、复合材料等多种材料制件的无损检测。

(2)穿透能力强,可对较大厚度范围的材料内部缺陷进行检测,可进行整个部件全体积的扫查。如对金属材料,既可检测厚度 1~2 mm 的薄壁管材和板材,也可检测几米长的钢锻件。

(3)灵敏度高,可检测材料内部最小尺寸大致为超声波波长的 1/2 的缺陷。

(4)可较准确地测量缺陷的位置,这在大多数情况下是十分必要的。

(5)对绝大多数超声检测技术来说,检测时仅需从一侧接近被检部件。

(6)设备轻便,对人体及环境无害,可做现场检测。

2. 超声检测的缺点

(1)由于纵波脉冲反射法存在盲区,受检缺陷的取向对检测灵敏度有一定的影响,对位于表面和近表面的缺陷常常难以发现,容易漏检。

(2)试件的形状,如尺寸大小、形状是否规则、表面粗糙度的大小、曲率半径的大小等,对超声检测的可实施性及其可靠性有较大的影响。

(3)材料的某些内部结构,如晶粒度、组成相、均匀性、致密性等,会使小缺陷的检测灵敏度和信噪比发生变化。

（4）对材料中缺陷的定性和定量，需要操作者具有比较丰富的经验。

3.1.4.3 超声检测在起重机械上的应用

超声检测可对材料对接或角接焊缝的内部缺陷进行检测，故在起重机械的焊缝质量检查中，超声检测是较为常用的方法，可检测如桥门式起重机原材料钢板质量、主梁盖板与腹板的拼接和对接焊缝质量、Ⅱ形梁内壁的焊缝质量、主梁翼缘板和腹板对接焊缝质量；塔式起重机主要结构的对接焊缝及门座式起重机主要受力构件焊缝质量；锻造吊钩内部的裂纹、白点和夹杂等缺陷，自由锻造吊钩坯料、吊钩钩柄圆柱部分的内部裂纹、白点及夹杂物等缺陷；片式吊钩钩片及悬挂夹板的内部裂纹等缺陷；起重真空吸盘主要受力构件的裂纹等内部缺陷；集装箱专用吊具金属结构主要受力构件焊缝质量和高强度螺栓质量等。

超声波探伤平板对接焊缝时，应根据板厚与焊接形式选择适当 K 值的斜探头，并根据检测标准和被测件厚度选择合适的对比试块，以人工缺陷的当量制作相应的距离—波幅曲线来对缺陷当量进行判识。检测时，斜探头应垂直于焊缝中心线放置在检测面上，在焊缝两侧作锯齿形扫查和斜向扫查等，同时也可配合采用转角、环绕等扫查方式，以便更有效地发现和确定缺陷，然后在焊缝表面做出标记，记录缺陷的长度、深度及所在区域。

超声检测角焊缝时，首先在选择检测面和探头时应考虑到各类缺陷的可能性，使声束尽可能垂直于该焊接接头结构的主要缺陷。根据结构形式，角焊缝有五种检测方式，即①接板内侧直探头检测；②主板内侧直、斜探头检测；③接板外侧斜探头检测；④接板内侧斜探头检测；⑤主板外侧斜探头检测。根据检测对象和几何条件的限制选择一种或几种组合方式实施检测。角焊缝以直探头检测为主，必要时增加斜探头检测。

T 形焊缝的超声检测，同样需要根据被检缺陷的种类来选择检测面和探头，使声束尽可能垂直于该类焊缝结构的主要缺陷。根据焊缝结构形式，T 形焊缝有三种检测方式，即①翼板外侧斜探头直射法探测；②腹板侧斜探头直射法或一次反射法探测，探头 K 值一般取 2.0~3.0（腹板厚度<25 mm）；③翼板外侧沿焊缝用直探头或双晶直探头或斜探头（推荐用 K1 探头）探测。可根据检测对象和几何条件的限制选择一种或几种组合实施检测。缺陷评定以腹板厚度为准。

3.1.5 射线检测

射线在穿过物体时，射线强度会发生衰减。其强度衰减的程度除了与射线的能量高低有关外，还直接与被穿过物体的性质、密度和厚度等因素相关，如果局部区域存在缺陷，就会改变物体对射线的衰减，使穿过缺陷区域的射线强度与穿过无缺陷区域的射线强度存在差异，只要采用一定的检测器（如射线照相中的胶片）来检测出这种射线强度的差异，就可以判断被透照物体中是否存在缺陷，这就是射线检测的基本原理。

3.1.5.1 主要方法

目前的射线检测技术，按采用的射线源种类不同，可分为 X 射线照相、γ 射线照相和中子射线照相；按记录信息的形式不同，可分为模拟信号成像、数字信号成像；按记录信号的介质不同，可分为胶片成像、基于图像增强器的实时成像和基于磷光成像板的计算机成像和基于数字平板的直接成像等。数字信号成像则是近年来发展较快的射线照相技术，而胶片成像是应用最早、技术最成熟而且成像质量优良的检测技术。到目前为止,射线照相胶片成像法仍然是工业领域采用的最主要的射线检测方法。

3.1.5.2　特点

射线检测技术广泛地应用于机械、造船、石油化工、电子、核工业和国防工业等工业领域。它不仅可以用于金属材料(黑色金属和有色金属)的检测,也可以用于非金属材料和复合材料的检测,应用最广泛的检测对象是焊接件和铸件。

　　1. 射线检测的优点

　　(1)用底片作为记录介质,可以直接得到缺陷的直观图像,且可以长期保存。通过观察底片能够比较准确地判断出缺陷的性质、数量、尺寸和位置。

　　(2)容易检出那些形成局部厚度差的缺陷。对气孔和夹渣之类缺陷有很高的检出率,对裂纹类缺陷的检出率则受透照角度的影响。

　　(3)适用于几乎所有材料,在钢、钛、铜、铝等金属材料上使用均能得到良好的效果,该方法对试件的形状、表面粗糙度没有严格要求,材料晶粒度对其不产生影响。

　　(4)适宜对各种熔化焊接方法(电弧焊、气体保护焊、电渣焊、气焊等)的对接接头的检测,也适宜检查铸钢件,特殊情况下也可用于检测角焊缝或其他一些特殊结构试件。

　　(5)检测结果显示直观,而且便于对检测技术和检测工作质量进行监督检查。

　　2. 射线检测的缺点

　　(1)射线检测法不能检测出垂直照射方向的薄层缺陷,例如钢板的分层。

　　(2)一般不适宜于钢板、钢管、锻件的检测,也较少用于钎焊、摩擦焊等焊接方法的接头的检测。

　　(3)检测厚度上限受射线穿透能力的限制,而穿透能力取决于射线光子能量。

　　(4)检测效率低,成本较高。

　　(5)射线对人体有伤害,需要采取防护措施。

3.1.5.3　射线检测在起重机上的应用

一般在起重机械制造和安装阶段,对钢结构部分和对接焊缝进行射线检测,在用设备则较少采用。起重机械多采用钢板材料制造,与锅炉、压力容器等承压设备相比,壁厚较薄,常规 X 射线即可对起重机械的焊接质量进行检查。

起重机械射线检测的对象主要是厚度均匀、形状较规则的钢板或钢管制工件和部件的对接焊缝,如成品片式吊钩钩片及悬挂夹板的焊缝、集装箱专用吊具的主要受力构件金属结构焊缝、桥式和门式起重机主梁翼缘板和腹板的对接焊缝、主梁上下盖板和腹板的拼接对接焊缝、Ⅱ形梁内壁的对接焊缝、桥架的组装焊缝及塔式起重机中主要钢结构的对接焊缝等。

3.1.6　声发射检测

声发射(AE)又称为应力波发射,是材料受外力或内力作用产生变形或断裂,以弹性波形式释放出应力应变能的现象,大多数材料变形和断裂时都有声发射发生。用仪器探测、记录、分析声发射信号,并利用声发射信号对声发射源的状态做出正确判断的技术称为声发射检测技术。

3.1.6.1　原理

一般声发射检测主要包括以下几个部分,即声发射源、传感器、信号放大器、信号采集处理和记录系统。引起声发射的材料局部变化称为声发射事件,而声发射源是指声发射事件的物理源点或发生声发射波的机制源。声发射检测原理如图 3-5 所示。

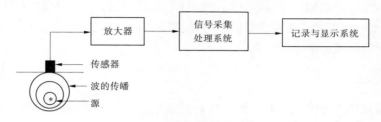

图 3-5　声发射检测原理

声发射信号主要分为突发型声发射和连续型声发射。如果声发射事件信号是断续的,且在时间上可以分开,那么就叫突发型声发射信号;反之,则为连续型声发射信号。一般来说,声发射信号具有瞬态性、多态性、易受噪声干扰的特点。由于不同的声发射机制可以产生完全不同的声发射信号,而人们对声发射源机制的认识总是受到很多条件的限制,因此检测人员很难辨别真正的声发射信号是什么样子。同时,声发射信号从声源到输出信号中间传输途径的影响也是一个不容忽视的因素,因此选用合适的声发射信号处理方法,以正确描述声发射源的特征,一直是声发射检测技术发展中的难点和研究热点。目前,声发射信号的处理方法主要有:基于参数的分析方法和基于波形的分析方法。参数分析方法是声发射信号处理中应用最普遍的方法,通过对测得的声发射信号进行初步的处理和整理,变换成不同的声发射参数来对声发射源的特征进行分析。

3.1.6.2　波形分析方法

波形分析是指根据所记录的声发射信号时域波形,采用信号处理方法对其进行分析来获取声发射源信息。波形分析从理论上应当能给出任何所需的信息,因而波形也是表达声发射源特征的最精确的方法,并可获得信号的定量信息。随着软硬件技术的飞速发展,人们开始研制全波形声发射检测仪器,并利用现代信号处理手段进行波形的分析与处理,以得到更多的声发射源信息,波形分析方法已逐步成为声发射源特征获取的主要方法。

3.1.6.3　起重机用钢材的声发射源

带有裂纹的金属材料的主要特点是在加载过程中应力要集中作用到裂纹位置上,所以带有缺陷的金属材料在加载时,首先在载荷集中的部位要产生塑性变形,变形强化,以致最后达到破坏。试验表明,如果采用声发射检测带裂纹的试样或结构,普遍在屈服时就会出现声发射,这是因为此时裂纹尖端局部地区由于应力集中已首先进入或超过了屈服状态。所以,带裂纹试样或构件被施加应力低于普遍应力时,其声发射行为取决于裂纹尖端的状态参数,这些参数包括裂纹长度、应力强度因子 K、裂纹尖端的断裂应变和裂纹前端的塑性区。

起重机械声发射检测时,在设备的关键部位,一般选择设计上的应力值较大或易发生腐蚀、裂纹或实际使用过程中曾出现过缺陷（如裂纹）的部位布置传感器。对起重设备施加额定载荷（动载）和试验载荷（静载），起重机械则进行正常运行或保持静止，此时材料内部的腐蚀、裂纹等缺陷源会产生声发射（应力波）信号，信号处理后将显示出产生声发射信号的包含严重结构缺陷的区域，频谱分析等手段还可为起重机械的整体安全性分析提供支持。声发射检测相对于其他无损检测技术而言，具有动态、实时、整体和连续等特点，声发射技术不仅可对是否存在缺陷进行检测，还可对缺陷的程度进行判断，进而为起重机械的安全监测提供准确的依据。

3.1.7　磁记忆

传统的漏磁检测方法无疑是一种可靠的无损检测技术。采用传统的漏磁检测方法对铁磁材料及设备与构件的相关部位进行百分之百的检测，可以有效地发现已发展成形的宏观或大部分微观缺陷（如裂纹、发纹、折叠、夹杂物等），避免工程应用中各种危害性事故的发生。但是，对于在役金属设备及构件的早期损伤，特别是尚未成形的隐性不连续性变化，难以实施有效的评价，从而无法避免设备检修后由于意外的疲劳损伤发展而引发的恶性事故。

3.1.7.1　**原理**

金属磁记忆检测原理，基于铁制工件在运行时受工作载荷和地球磁场的共同作用，其内部会发生具有磁致伸缩性质的磁畴组织定向的和不可逆的重新取向，并在应力与变形集中区形成最大的漏磁场变化。即磁场的切向分量具有最大值，而法向分量改变符号且具有零值点。这种磁状态的不可逆变化在工作载荷消除后继续保留，还与最大作用应力有关系，从而通过漏磁场法向分量的测定，便可以准确地推断工件的应力集中区。

铁磁体在载荷和微弱地球磁场的作用下，会产生磁记忆现象的内部原因取决于铁磁晶体的微观结构特点。通常，铁制工件在经过熔炼、锻造、热处理等加工工艺时，温度大大超过居里点，构件内部的磁畴组织会被互解，磁性会消失。随后在金属冷却到居里点以下的过程中，一方面铁磁晶体在重新结晶的同时重新形成磁构造；另一方面会由于材料内部的各种不均匀性（如形状、结构及含有夹杂或缺陷等）而形成组织结构不均匀的遗传性。这些组织结构的不均匀部位往往是缺陷或内应力集中的部位，一般以位错的形式存在，并在地球磁场的环境中由于磁机械效应的作用会出现磁畴的固定节点，产生磁极，形成退磁场，以微弱的散射磁场的形式在工件表面出现，表现为金属的磁记忆性。此时，若对铁磁构件施加载荷，动态应力的存在会使物体产生应变，从而使构件内部的位错产生滑移运动。位错在滑移过程中要克服晶格点阵阻力及与杂质或缺陷之间的交互作用力。位错滑移运动的结果会引起晶体内位错密度的增加，即位错的增殖，产生很高的应力能，并形成应力集中区。很显然，应力集中区的应力能的大小与动态应力的大小、作用时间及频率等因素均有对应关系。

值得注意的是，构件中应力集中区的形成会集聚相当高的应力能。此时，为了使铁磁构件内的总的自由能趋于最小，在磁机械效应的作用下必将引起构件内部的磁畴在地球磁场中作畴壁的位移甚至不可逆的重新取向排列，主要以增加磁弹性能的形式来抵消应力能的增加。从而，在铁磁构件内部产生大大高于地球磁场强度的磁场强度。金属力学性能的研究表明,即使在金属材料的弹性变形区,完全没有能量耗损的完全弹性体是不存在的。由于金属内部存在着多种内耗效应(如黏弹性内耗、位错内耗等),势必造成在动态载荷消除之后,加载时在金属内部形成的应力集中区会得以保留,特别是在动载荷、大变形和高温情况下尤为突出。保留下来的应力集中区同样具有较高的应力能,因此,为抵消应力能,在磁机械效应的作用下引发的磁畴组织的重新取向排列亦会保留下来,并在应力集中区形成类似缺陷的漏磁场分布形式。

3.1.7.2　特点

金属磁记忆检测可以准确可靠地探测出被测对象上以应力集中区为特征的危险部件和部位,是对金属部件进行早期诊断唯一行之有效的无损检测方法。因此,不仅可以用来准确确定在役运行设备上正在形成或发展中的金属缺陷区段,然后通过其他无损检测方法进一步确定具体缺陷的存在,并根据对构件应力变形状态的评定,及时对构件的受损部件进行强化处理或更换;亦可以在设备或构件的疲劳试验中准确确定应力集中的部位,为疲劳分析、设备定寿及结构与工艺设计发挥有效的先导作用。

磁记忆检测方法与现有的漏磁检测方法相比,其特点是:

(1)不需要专门的磁化设备就能对铁制工件进行可靠的检测;

(2)不需要对被检测工件的表面进行清理或其他预处理;

(3)提离效应的影响很小;

(4)设备轻便,操作简单,快速便捷,灵敏度高,重复性与可靠性好。

3.1.7.3　仪器设备

磁记忆检测仪器是基于磁记忆效应原理开发出来的新型无损检测设备,它与其他电磁检测设备一样都是由传感器、主机及其他辅助设备组成的。图 3-6 是典型的磁记忆检测仪器的原理框图,它包括由磁敏传感器、温度传感器、测速装置组成的探头,由滤波器、放大器及 AD 转换器等组成的信号处理电路,显示及键控装置,CPU 系统等。其中,传感器是磁记忆检测仪器中相当重要的部件,传感器性能的好坏对检测结果的影响非常大。

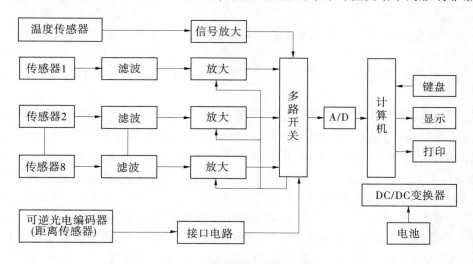

图 3-6　典型的磁记忆检测仪器的原理框图

3.1.7.4　磁记忆在起重机中的应用

金属磁记忆是对金属结构的应力集中状况进行检测的。通过测量金属构件处磁场切向分量 $H_p(x)$ 的极值点和法向分量 $H_p(y)$ 的过零点来判断应力集中区域,并对缺陷的进一步发生和发展进行监控和预测。磁记忆是一种弱磁检测方法,无需对工件进行磁化,其应力集中部位在地磁场的作用下即可显示出磁记忆信号。但是一旦对工件进行了磁粉检测而又未进行有效的退磁操作,则微弱的磁记忆信号将被磁化后的剩余磁场信号湮没,所以检测时机应放在磁粉检测之前。

起重机主要受力结构件的焊接接头发生脆性疲劳损坏时,会导致具有重大后果的严重事故。现有的常规无损检测方法不能在破坏前期实现对焊接接头的早期诊断。而通常对焊接接头进行检测时,基本任务也是找出超过允许标准的具体缺陷。当应力等级和均匀性、几何形状偏差、焊缝组织变化、塑性变形及其他因素对焊接接头的可靠性产生影响时,必须采取从整体上对接头状态进行鉴定的诊断方法。

采用磁记忆检测方法可以实施对焊缝状态的早期诊断。根据磁记忆检测原理可知,在焊接接头中其他条件相同的情况下,焊缝中会有残余磁化现象产生,其残余磁化分布的方向和性质完全取决于焊接完成后金属冷却时形成的残余应力和变形的方向和分布情况,因此在焊缝的应力集中部位或在金属组织最不均匀处和有焊接工艺缺陷的地方,散射磁场的法向分量具有突跃性变化,即散射磁场 H 改变符号并具有零值,散射磁场符合变换线相当于残余应力和变形集中线。这样,通过读出在焊接过程中形成的散射磁场,我们就可以完成对焊缝实际状态的整体鉴定,同时确定每道焊缝中残余应力和变形及焊接缺陷的分布。

3.2　设备故障诊断技术

设备故障诊断技术在 20 世纪 70 年代初形成于英国,由于其实用性及为社会和企业带来的效益,故日益受到企业和政府主管部门的重视。特别是近 20 年来,随着科学技术的不断进步和发展,尤其是计算机技术的迅速发展和普及,故障诊断技术已逐步形成了一门较为完整的新兴综合工程学科。该学科以设备的管理、状态监测和故障诊断为内容,以建立新的维修体制为目标,在欧美、日本以不同形式获得了推广,成为国际上一大热门学科。

一台设备从设计、制造到安装、运行有诸多环节,任何不应有的偏差都可能导致设备的“先天不足”,造成带病运行。在运行过程中,设备可能处于各种各样的环境之中,其内部必然受到力、热、摩擦等多种物理、化学作用,使其性能劣化,造成“后天故障”。故障的产生可能造成生产系统的紊乱,使设备遭受损失,甚至全线停工,造成巨大的经济损失,而且还可能破坏环境,危及人身安全,带来严重的社会问题。过去一般只有在机器的运行出现问题,或者拆开检查才知道机器中某部分发生了故障。为了确保机器的正常运行,不得不规定定期维修检查制度,既不经济又不合理。故障诊断技术是依据设备在运行过程中,伴随故障必然产生的振动、噪声、温度、压力等物理参数的变化来判断和识别设备的工作状态和故障,对故障的危害进行早期预报、识别,防患于未然,做到预知维修,保证设备安全、稳定、长周期、满负荷优质运行,避免"过剩维修"造成的不经济、不合理现象。

计算机技术、信号分析与数据处理技术、测试技术、控制理论、振动和噪声理论及其他相关学科的发展,以及工业生产逐步向大型化、高速化、自动化方向迈进,为设备故障诊断技术开辟出了广阔的应用前景,设备故障诊断技术在实际生产中必将发挥更大的作用。

3.2.1　概念

3.2.1.1　设备故障

设备故障是指设备不能按照预期的指标工作的一种状态,也可以说是设备未达到其应该达到的功能。其内容包括:

(1)能使设备或系统立即丧失其功能的破坏性故障。

(2)由于设计、制造、安装或与设备性能有关的参数不当造成的设备性能降低的故障。

(3)设备处于规定条件下工作时,由于操作不当而引起的故障。

3.2.1.2　设备故障诊断技术

设备故障诊断技术,其实质是了解和掌握设备在运行过程中的状态;预测设备的可靠性;确定其整体或局部是正常或异常;早期发现故障,并对其原因、部位、危险程度等进行识别和评价;预报故障的发展趋势,并针对具体情况做出实施维护决策的技术。设备故障诊断技术主要包括以下三个基本环节。

1.信息采集

设备故障诊断技术属于信息技术的范畴。其诊断依据是被诊断对象所表征的一切有用的信息,比如振动、噪声、转速、温度、压力、流量等。没有信息,故障诊断就无从谈起。对设备来说,主要是通过传感器,如振动传感器、温度传感器、压力传感器等来采集信息。人的感官也是一种特殊的传感器。因此,传感器的类型、性能和质量、安装方法、位置及人的思维和判断往往是决定诊断信息是否会失真或遗漏的关键。

2.分析处理

由传感器或人的感官所获取的信息往往是杂乱无章的,其特征不明显、不直观,很难加以判断。分析处理的目的是把采集的信息通过一定的方法进行变换处理,从不同的角度获取最敏感、最直观、最有用的特征信息。分析处理可用专门的分析仪或计算机进行,一般可从多重分析域、多重角度来观察这些信息。分析处理方法的选择、结果的准确性及表示的直观性都会对诊断的结论产生较大的影响。

3.故障诊断

故障诊断包括对设备运行状态的识别、判断和预报。它充分利用分析处理所提供的特征信息参数,运用各种知识和经验,其中包括对设备及其零部件故障或失效机理方面的知识,以及设备结构原理、运动学和动力学、设计、制造、安装、运行、维修等方面的知识,对设备的状态进行识别、诊断,并对其发展趋势进行预测和预报,为下一步的设备维修决策提供技术依据。上述三个环节的逻辑关系如图 3-7 所示。

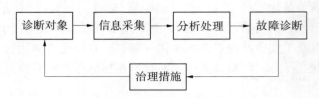

图 3-7　故障诊断逻辑示意图

3.2.2　故障诊断的应用范围与实施方法

3.2.2.1　故障诊断的应用范围

实施故障诊断技术的目的十分明确,即尽量避免设备发生事故,减少事故性停机,降低维修成本,保证安全生产及保护环境,节约能源。或者说为了保证设备安全、稳定、可靠、长周期、满负荷地优质运行。因此,设备故障诊断技术最适用于下列设备。

(1)生产中的重大关键设备,包括没有备用机组的大型机组。

(2)不能接近检查、不能解体检查的重要设备。

(3)维修困难、维修成本高的设备。

(4)没有备品备件,或备品备件昂贵的设备。

(5)从生产的重要性、人身安全、环境保护等方面考虑,必须采用诊断技术的设备。

3.2.2.2　故障诊断的实施方法

故障诊断技术可根据不同的诊断对象、要求、设备、人员、时间、地点等具体情况,采取不同的诊断策略及实施措施。其基本实施过程如图 3-8 所示。

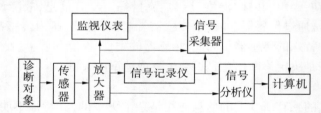

图 3-8　故障诊断的实施过程

(1)按工作精细程度可分为简易诊断和精密诊断。

简易诊断是设备运行状态的初级诊断,目的是能够对设备的状态迅速有效地做出概括的评价。简易诊断主要由设备现场工作人员实施。一般说,简易诊断往往所用仪器比较简单,易于掌握,对人员素质要求不高,常作为一种常规检查措施。

精密诊断是在简易诊断基础之上所进行的更深层次的诊断,目的是对设备故障的原因、部位及严重程度进行深入分析,做出判断,从而为进一步的治理决策提供依据。精密诊断常需要较精密的分析仪器,不仅价格昂贵,同时对使用人员的素质要求也比较高,图 3-9 所示为简易诊断与精密诊断的关系。

(2)按诊断方式可分为离线诊断和在线诊断。

离线分析、诊断一般是在现场完成信息采集,信息可以以模拟形式记录在磁带记录仪上,也可以以数字方式记录在便携式采集器上。分析处理和诊断工作可以在实验室或其他认为合适的地方进行。磁带记录仪所记录的信号可以经回放送入信号分析处理仪,也可经 A/D 转换送入计算机。采集器所记录的数字信号可直接送入计算机。诊断过程可以由人工完成,也可由配置专用诊断软件的计算机完成。离线分析、诊断的优点是灵活、方便,投资较小。缺点是其分析结论有较长的时间滞后,不利于处理紧急故障。同时,很难进行连续监视,易遗漏故障,故一般用于设备的常规检查或不太重要的设备上。

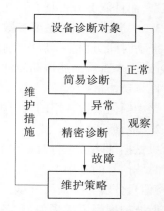

图 3-9　简易诊断与精密诊断的关系

在线诊断是将传感器所采集的信息直接送入分析处理仪,或经 A/D 转换直接用通信电缆送入计算机。计算机可放在现场,也可远离现场,并即时进行分析处理和诊断。在线诊断的优点是即时、迅速,实时性好,可保证不遗漏故障。缺点是不灵活,造价高。一般为专门使用,故常用于关键的设备上。

3.2.3　振动检测

3.2.3.1　振动检测的定义

物体的振动是指物体在其平衡位置附近周期性地往复运动。它与结构强度、工作可靠性、设备的性能有着密切的关系,特别是当结构复杂、理论计算难以正确时,进行振动试验和检测是研究和解决实际工程技术问题中不可缺少的手段。振动检测主要是指对振动的位移、速度、加速度、频率、相位等参数的测量。

3.2.3.2　振动检测的技术特点

振动检测是机电系统诊断的基本方法。原因包括机器运行时振动现象无时不在;振动的加剧往往是事故的前兆,特征往往较明显;测试手段较成熟、振动理论较全面可用;易于在线监测与诊断,测试手段、方法和理论相对比较成熟。

大型机电系统故障的振动诊断的主要内容包括振动信号的可靠高效测量、故障机理、故障特征提取和诊断推理方法,即数据采集、信息处理、机械理论、人工智能和软件工程等。随着人工智能的发展,它在大型机电系统故障诊断中得到了相当广泛的应用,这使得大型机电系统故障诊断技术从以动态测试技术为基础、以工程信号处理为手段的常规诊断技术发展为以知识处理为核心、信号处理与知识处理相互融合的智能诊断技术。其主要内容如下。

(1)非线性诊断方法。非线性系统动力学、时间序列分形特性、分形基时频域分析方法、分形和小波融合方法、混沌理论、神经网络与小波分析等。

(2)模式识别法。轴心轨迹自动识别技术。

(3)形象思维和可视化故障诊断技术。

(4)网络化诊断系统。综合运用了归纳分析技术和并发行为特性,使复杂的诊断技术建模成为可能。可与故障树建模方法相融合来描述具有单一知识库体系结构的专家系统模型,而且能够分析具有多知识库体系的专家系统,获得优化的诊断推理路径。

3.2.3.3　振动监测的主要参数

振动时间历程是指以振动体的位移、速度或加速度为纵坐标,时间为横坐标的曲线图,可以用来直观描述振动运动规律。在振动监测过程中,主要测量参数包括如下参数。

1. 振动幅值

振动幅值表示常用的有三种指示值,即峰值、有效值、平均值。

2. 振动频谱

机械振动除了进行时域中的描述之外,重要的是用频域加以描述,即利用现有仪器在测量时域信号的基础上,直接显示振动的频谱。振动的频谱一般是指根据 Fourier 分析原理,将信号分解为多谐波分量,由其振幅和相位表征各次谐波,并按频率高低组成频带图。各次谐波的振幅组成幅值谱;各次谐波的相位组成相位谱;各次谐波的能量组成能量谱(或功率谱)。周期振动的频谱为离散线谱,非周期振动则具有连续谱。谱图表达的谐波成分可能是完整的,也可能是不完整的,这由分析频率(或)滤波决定。振动信号的相位一般用 ϕ 表示,单位是"度"或"弧度"。

3.2.3.4　振动检测常用传感器

常用的传感器主要包括位移传感器、温度传感器、压力传感器、流量传感器和速度传感器等。传感器按其工作原理可以分为机械式、电气式、光学式和流体式等,以及能量转换型(无源型、发电型或主动传感器)和能量控制型(有源型、能量调节型或被动传感器)等。

振动传感器是将机械振动量(位移、速度、加速度)的变化转换成电量(电流、电压、电荷)或电参数(电阻、电容、电感)的变化,然后输送到二次仪表进行放大等处理。振动传感器主要有:①位移传感器,其中包括接触式(电阻式、应变式)和非接触式(电容式、电涡流式)两类。②速度传感器,有接触式(动圈式、动磁式)和非接触式(变间距式)。③加速度传感器,主要有压电式加速度计和应变式加速度计。

3.2.4　振动检测在钢丝绳电动葫芦故障检测中的应用

以采集电动葫芦齿轮箱的振动信号并进行分析和评价为例,就振动检测在钢丝绳电动葫芦故障检测中的应用展开介绍。在检测中通过对电动葫芦中的零部件齿轮、轴承、轴的振动信号的关键参数的建模分析,将电动葫芦齿轮箱实际运转过程中的振动信号进行采集,将采集后的数据导出并进行分析,按照原来设计的技术路线进行振动数据的信号处理,找出具有显著特征的信号特征值参数,并对特征值参数进行分析,得出分析结果。

3.2.4.1　电动葫芦齿轮箱振动信号采集测试方案

电动葫芦齿轮箱中的旋转被测部件一般封装在电动葫芦的齿轮箱中,并且电动葫芦的滚筒通过螺栓连接在一起,形成一个整体,在工作的过程中不可拆卸,这就给采集振动数据造成了一定的困难。参考标准《机器状态监测与诊断》(GB/T 19873.1—2005)中5.2.2 传感器位置,传感器一般应安装于轴承或靠近轴承的地方,针对电动葫芦齿轮箱的这种结构,轴承座和齿轮全部封装在减速机内部,只能尽可能地接近安装轴承的位置测量,并结合现有的振动信号采集仪,设定如下采集方案。

1. 传感器的选用

在对电动葫芦齿轮箱振动信号进行采集时,需要通过传感器来完成采集。合理选用传感器是采集到真实信号的关键。因此,在进行故障诊断之前,一定要选好传感器。对传感器进行选择的过程中主要考虑三个方面的因素,即传感器的质量、测量的对象及环境。对于传感器的选取应该遵守下面几个准则。

1) 测量范围

测量范围也就是传感器的量程,被检测装备的振动幅值改变范围一定要在传感器的误差允许范围之内。如果超量程测量,那么不仅采集到的信号失真,而且还损坏传感器。

2) 灵敏度

一般情况下,在传感器的线性容许的检测量程之内,如果想要较好的测量结果,那么就需要提高传感器的灵敏度。因为其灵敏度越高,对设备振动进行测量而采集到的振动信号也就更加清晰、全面、准确,这样有利于提取信号中的特征量,来判断设备的运行情况。但是如果传感器的灵敏度过高,就会有与测量无关的外界噪声混入到信号中,而且还会放大外界噪声,导致采集到的信号受到干扰。因此,要选取信噪比比较高的传感器。

3) 频响范围

振动参量的特性就是振动频率组成部分的复杂性,即一个非周期的复杂振动信号可能是由许多不相同频率的简谐信号相互叠加构成的。振动信号的频率量程在理论上可以为 0 Hz 到无限大,那么与其相对应的传感器的频响特性量程需要无穷大。也就是相频特征与幅频特征之间的联系需要表现为线性相关。如果对设备进行振动监测时,其获得到的振动信号为高频信号,那么需要把其频率上限范围尽可能地增大,或者其获得的振动信号为低频信号,那么需要使其频率下限范围尽可能地减小。所以,在对传感器进行选取之前,需要初步考虑被检测设备的振动信号的频率组成成分,然后结合振动监测要求,选取上下限频率合适的传感器。基本原则就是所有被测设备的振动信号频段都要被涵盖,可以略有多余但是频率响应范围不能过宽。

4) 稳定性

影响传感器稳定性的两个重要因素分别为时间稳定性和环境因素。环境因素主要有温度、噪声、光电、湿度等,传感器必须具备较强的环境适应能力。而当传感器在长期监测设备运行时,必须要考虑传感器的时间稳定性。

5) 精度

传感器的精度决定着采集到的信号中特征量的准确性,精度越高就越能准确地从振动信号中提取出特征信息。但是传感器随着要求精度的提高而价位也在不断攀升,因此在一般情况下,都会选取能够达到测量系统精度要求的传感器来使用。

根据电动葫芦齿轮箱的工作原理与传感器的选用原则,在对电动葫芦齿轮箱进行振动检测时所选用的传感器应该是加速度传感器或者速度传感器。

2. 振动信号采集仪器

以郑州恩普特科技股份有限公司出品的 PDES 设备状态检测与安全评价系统为例(见图 3-10)。该振动测试仪器为便携式,可对设备进行数据采集、数据分析、综合评价、故障检测等,适用于设备的离线巡检检测及性能分析,该产品具有 2 个传感器探头,采用磁铁吸附的接触式振动数据采集,可现场获得数据的加速度峰值、速度有效值(均方根值)、位移峰—峰值或实时频谱图;也可将仪器带回实验室进行数据导出,在相关的软件上进行更为详细深入的数据分析。

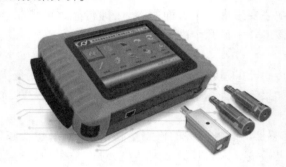

图 3-10　PDES 设备状态检测与安全评价系统

3. 振动信号采集点位置设计

检测时传感器应在容易接近的机器外壳部分进行放置,应保证检测能够合理地表达旋转机械壳体的振动,而不包括任何局部的振动和放大。振动检测的位置与方向必须对检测机器的动态力有足够的灵敏度,典型情况下需要对每一个轴承座或是轴承盖两个相互正交的径向位置进行检测,传感器可放置在轴承座或基座上任意角度位置,对于钢丝绳电动葫芦通常在减速器壳体的水平和竖直方向设置传感器的放置方向。应充分考虑钢丝绳电动葫芦的运行状况对振动检测数值的影响。

针对电动葫芦减速器的特性,结合 PDES 振动测试仪提供的测试安装方式,参考《机械振动与冲击加速度计的机械安装》(GB/T 14412—2005)与《在非旋转部件上测量和评价机器的机械振动》(GB/T 6075.3—2001),设计 CD 型钢丝绳电动葫芦振动数据采集点为 6 个,见图 3-11。

针对欧式电动葫芦的采集 Point1 和 Point2 呈 90°,采用非接触式的磁力吸座进行采集,这是考虑到欧式钢丝绳电动葫芦的减速器内部的零部件分布比较均匀,故采集两正交点的数据即可,见图 3-12。

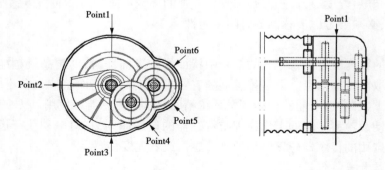

图 3-11　CD 型钢丝绳电动葫芦采集点示意

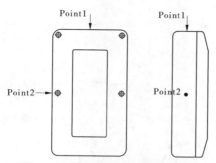

图 3-12　欧式电动葫芦采集点示意

3.2.4.2　振动检测的影响因素

1. 空载和额载状态对振动检测关键参数值的影响

振动数据的采集是在额载情况下进行,还是在空载情况下进行,不仅对检测的结果有影响,也会对检测工作量的大小有影响,进而影响检测效率。针对这种情况,采用实验分析法对振动数据采集的钢丝绳电动葫芦的工作状态进行了分析。

实验的过程中选用 8 台参数一样的钢丝绳电动葫芦,采集这 8 台电动葫芦在空载状态下和额载状态下运行的烈度、方根幅值、平均幅值三个重要参数,并将这 8 组数据进行对比,来判断空载运行状态还是额载运行状态对检测数据的影响较大,按照"最不利原则"判断。证明在空载运行状态下采用振动检测方法对钢丝绳电动葫芦进行检测即可满足检测需求,不再考虑额载或其他负载情况下的检测,不仅提高了检测效率,同时也保证了检测时人身和设备的安全。

2. 电动葫芦电机功率对振动检测值的影响

电动机的额定载荷越大,所用电机功率就越大,相应电动葫芦的体积也就越大。如果是刚性连接,随着体积的增大,设备在工作的过程中振动的检测值随振动的级别而增大,其中主要检测参数烈度值有一定的增长,不同的功率对应不同的烈度级别。随着额定载荷增加和电机功率增大,振动烈度值也会增大;由于一般情况下大于 50 t 的 CD 型电动葫芦由 2 台电动机位于相对方向对电动葫芦同时加载,在实际加载过程中电动机不能绝对同步,故其振动烈度相比测量单台电动葫芦时更大,实验数据也说明了这一点。分析对比不同功率下的振动烈度值,得知,额定载荷的大小对电动葫芦的振动检测也存在影响,额定载荷越大,电机功率越大,检测得到的振动烈度值增大(见图 3-13),这也说明将电动葫芦按照功率进行分类,可为后续的评级做准备。

根据上述结果并参考 ISO2372,在 10~10 000 Hz 的频段内,振动速度均方根值相同的振动,被认为具有相同的烈度,为使不同的葫芦能用统一烈度标准进行评定,可根据电动葫芦的功率,将钢丝绳电动葫芦分成以下 3 类。

(1)电机输出功率不大于 10 kW 的电动葫芦。

(2)电机输出功率大于 10 kW、不大于 20 kW 的电动葫芦。

(3)电机输出功率大于 20 kW 的电动葫芦。

在《机械振动与冲击术语》(GB/T 2298—1991)机械振动与冲击术语中规定,振动速

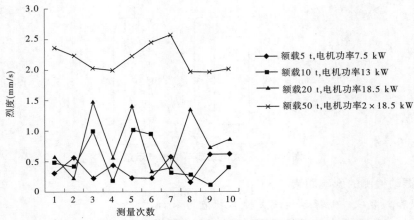

图 3-13　不同电机功率对应的烈度值统计图

度的均方根值(有效值)为表征振动烈度的参数。而振动速度作为衡量振动激烈程度的参数,它可以反映出振动的能量的大小,因为绝大多数机械设备的结构损坏都是由于振动速度过大引起的;又因为机器的噪声与振动速度成正比,对于同一台机器的同一部分,相等的振动速度产生相同的应力,所以振动烈度作为一个参数值指标来衡量机器设备振动的强度很有意义。基于振动烈度对机械设备状态的评价方法本书第 4 章有较为详细的介绍,这里就不再赘述。

第 4 章　桥架型起重机检测平台与专用设备

起重机作为特种设备,本身也具有特殊性,特别是桥架型起重机因使用广泛而受到使用单位和检测机构的关注,目前在使用的起重机当中百分之八十都是桥架型起重机,其独特的外形和结构使起重机在安全性试验方面受到诸多的限制。桥架型起重机是由钢结构组成,体型大,同时布满线路或者管路,其整机或部件的检测需要一些专用的检测平台或设备,只有这些设备的应用才能准确掌握设备的安全状况,预防安全事故的发生。目前在检验检测行业,一些专用平台和设备已经研发出来,取得了一定的社会效益和经济效益,如电动葫芦试验台、压力试验机、移动检测车等。桥架型起重机的检验检测项目多,因此在每一项的检测上,都有可能产生新的检测理论和检测方法,下面将介绍几种先进的检测平台与专用设备。

4.1　电动葫芦试验台

4.1.1　概述

电动葫芦试验台是对电动葫芦投入市场前检验电动葫芦性能的重要测试设备,伴随着电动葫芦的发展而发展。在电动葫芦研制开发阶段充分利用电动葫芦试验台,能有效减少电动葫芦事故,特别是以电动葫芦为起升机构的起重机事故。传统的电动葫芦试验台结构型式单一,只能适应特定类型的电动葫芦;在对电动葫芦进行试验的过程中,只能对特定的试验项目进行试验,而不能对标准要求的所有试验项目进行试验;方法笨拙,不能实现测试的智能化,并且测试精度不高;不能实现测试结果的智能输出、自动打印、定量分析和科学评价。现在先进的电动葫芦试验台不仅采用了先进的理念和技术,而且符合国家安全技术规范和标准对电动葫芦检验和试验要求,并且具备电动葫芦出厂检验、寿命试验和能效测试等多项功能。本节以目前先进的 TJ 电动葫芦综合试验台为例对此类电动葫芦试验台进行介绍。

4.1.2　研发背景

在进行电动葫芦试验台设计之初,首先通过调研国内制造厂家和型式试验机构的大量电动葫芦试验台实例,统计发现国内现有的电动葫芦试验台存在以下不足之处。

(1)功能不完善,试验项目不能全覆盖。

国内大部分的电动葫芦试验都不能进行电动葫芦爬坡试验,只有极少数试验台能进行该项目的试验,采用的试验方法是反向加力法,这种方法虽然在一定程度上能满足试验目的的要求,但其存在的问题也是显而易见的;

传统的电动葫芦试验台缺乏先进监测和监控手段,使寿命试验的安全性大打折扣;

　　根据考察的情况,国内目前尚无一家的电动葫芦试验台能独立完成电动葫芦能效测试。

　　(2)载荷的加载均是通过添加砝码的方式实现的,在由额定载荷试验向超载试验转换时,必须通过卸载后重新加载的方式实现,不能由均匀加载的方式实现。

　　(3)电动葫芦突然实现超过额定载荷某个倍数加载对电动葫芦的冲击无法通过试验的手段得知等问题。

　　(4)结构单一,不能满足新型电动葫芦研发的需要,目前国内电动葫芦试验台结构型式大部分采用两根五边形梁的型式,梁的下部分别采用不同型号的工字钢,以满足 CD$_1$、HC 两种型式的悬挂式电动葫芦试验,梁的上部加装轨道,满足双梁小车式电动葫芦的试验需要。这种结构单一的电动葫芦试验台已不能满足新型结构电动葫芦试验的需要,虽然有些厂家为满足试验要求,新研制了适用于部分新型电动葫芦的试验台,由于其生产的局限性,亦不能满足更多结构型式电动葫芦试验的需要,同时两个试验台也造成了浪费。

　　(5)试验手段落后。在考察的过程中发现国内大部分的电动葫芦试验台在很多参数的测定上仍采用钢卷尺、秒表之类的传统测试手段,这种手段不仅效率低下,而且测量精度难以保证,试验人员在高空作业时自身安全更是难以保证。

　　(6)无法对测试结果做科学评价。虽然有些试验台测试过程采用了计算机和自动控制技术,但也仅仅是把这些技术用于测试和记录数据,并没有采用科学的误差理论知识对重要参数的测量值进行分析,对测试结果的可靠性提供判断依据。

　　针对以上不足,在参考国内现有电动葫芦试验台的基础上,该试验台是集成计算机技术及控制理论,且能实现测试、试验、记录、分析一体化的综合测试和试验装置。

4.1.3　试验台设计

4.1.3.1　结构

　　该电动葫芦试验台与传统的试验台相比较,在结构设计方面主要有以下不同。

　　(1)从常规的双梁结构变为三梁结构及轨道,如图 4-1 所示。

　　试验台主体结构设计为三梁结构,三根梁均设置有运行机构,可以适应不同轨距的双梁小车式电动葫芦试验,而且可以方便从梁下面吊装被试验电动葫芦上试验台,运行机构设置有锁定装置,可以在试验时锁定两梁之间的距离,保证小车轨距不变。从左至右三根梁,左边第一根梁为矩形箱形梁,适应新型悬挂式电动葫芦试验,中间梁和右边梁设计成五边形加工字钢结构,两根截面和工字钢设计成不同的大小。不同规格的工字钢适应不同起重量的国内传统悬挂式电动葫芦试验,梁的上翼缘板上加装轨道,其中中间截面较大的梁分别加装起重机专用轨道和方钢轨道,分别和两边梁上的轨道配合,适应不同车轮踏面的双梁小车式电动葫芦试验。

　　(2)设计专门的坡度调整装置。

　　在每根梁的一端设置有齿轮齿条传动机构,通过调整一端梁的高度,使梁产生 1/200 的坡度来完成电动葫芦的爬坡试验。

　　(3)吊装装置及转运门架。

　　为方便双梁小车式电动葫芦试验时吊装,又不增加实验室车间的高度,在试验台下方

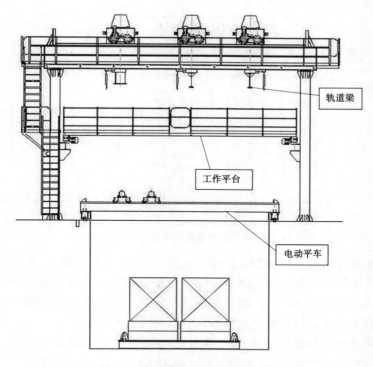

轨道梁

工作平台

电动平车

图 4-1　电动葫芦试验台结构图

加装了一台转运平车,试验时首先把平车开到试验台外,把电动葫芦吊装到平车上开进试验台,移动试验梁,使用起重机把电动葫芦吊起,高度高于试验台,调整两梁的距离到被试验电动葫芦小车轨距的尺寸后固定主梁的位置,然后把被试验电动葫芦放置在试验台上。

(4)方便试验及操作人员活动的平台。

为方便试验人员试验过程中连接电动葫芦动力线路和测试线路,调整被试验电动葫芦,试验过程中及试验后查看被试验电动葫芦状况,专门设计了一个可以活动的平台,既方便了试验人员操作,又保障了试验人员试验过程中的安全。

4.1.3.2　自动控制系统

试验台控制设计是实现电动葫芦试验自动化和智能化的基础,可实现在试验过程中对关键部件和重要参数进行实时检测,对试验结果和试验数据进行实时记录,对试验过程中出现的异常情况做出提示、报警和停机等动作,保证试验过程安全顺利进行。

该控制系统集成了先进的传感技术、网络技术、自动控制技术,系统组成以工业控制计算机为核心,配合各种智能接口模块及智能数字仪表,组成 RS485 总线控制系统,通过人机交互界面,完成试验过程的各类参数的测试、计算和记录。控制部分设计采用模块化方案,主要由电源系统、测试系统、监控系统、平稳加载系统和数据处理系统组成,系统组成见图 4-2。

4.1.3.3　电源系统

根据被试验电动葫芦电气配制和升降压试验的需要,试验现场需要输出频率为 50 Hz/60 Hz,电压为 342~418 V 的电源,为避免以往试验台采用调压器改变电压,采用柴油

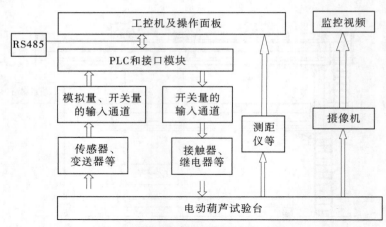

图 4-2　试验台控制系统框架示意图

机或直流电动机拖动发电机调整电源频率的弊端,故选用具有调频、调压功能,无噪声和污染的变频电源作为工频电源的供电设备。该系统采用 IGBT/PWM 调制,具有输入电路无熔丝保护,输出过电流保护、过电压保护、过热保护、短路保护及报警功能,且能够处理电动葫芦负载下降试验过程中电动机对供电电网的电流反馈。

变频电源采用三相独立设计,可承受 100% 不平衡负载,单相最大功率是 167 kV·A,可满足 18.5 kW(50 Hz)电动机工作需要。在 380 V/50 Hz 交流电源下,常用试验负载工作最大额定电流为 33 A,启动电流约为 170 A,电源系统的高压(0~640 V)挡输出电流为 350 A,完全满足试验过程中对电流最大容量的需要。在 220 V/60 Hz 交流电源下,试验负载工作最大额定电流为 60 A,启动电流约为 450 A,仍远小于电源系统的最大输出电流 700 A,因此该电源系统设计符合使用要求,并留有较大的余量,为今后更大规格的电动葫芦试验留有足够的空间。

4.1.3.4　测试系统

测试系统是试验台控制系统的核心,在测试系统中,按照特种设备安全技术规范和标准的要求,可以分为出厂检验、常规检验、型式试验和能效测试四种,对于不同的测试种类有不同的检验项目,系统通过流程式的检验步骤可以自动引导试验人员进行相应项目的试验。电动葫芦试验台和工业控制计算机之间通过 RS485 总线实现通信,通过接口模块实现数字量或模拟量的转换及开关量信号的传递。

试验过程中电参数(电源电压、电源电流、电源升降压、电源有功功率、电源无功功率、电源功率因数、电源频率及电动机耐压)、机构参数(起升速度、起升高度、运行速度、制动下滑量)、温度和噪声等参数可实现自动测量。起升速度的测试通过拉绳传感器采集到数据被测速装置处理后传回工控计算机。噪声、起升电动机的温升及运行机构的速度测试分别采用声级计、温度传感器和测速传感器采集模拟信号被信号处理器处理后传回工控计算机。激光对射器是用来在能效测试过程中采集载荷稳定起升过程的有效起升高度,避免测试过程中由于启动和制动造成的电压不稳而影响测试结果的准确度。试验过程中的电流、电压和功率等电参数使用电流、电压互感器及三相功率计进行测量。试验台主要参数测试系统的硬件逻辑关系见图 4-3。

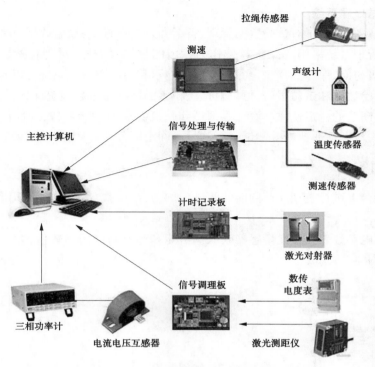

拉绳传感器

测速

声级计

主控计算机

信号处理与传输

温度传感器

测速传感器

计时记录板

激光对射器

信号调理板

数传
电度表

三相功率计

电流电压互感器

激光测距仪

图 4-3　电动葫芦测试系统硬件逻辑关系图

　　工控机输出数字信号通过 PLC 直接控制接触器等执行元件,通过预定各开关信号的组合及对应的运行、间隔时间来实现试验台主梁自动运行和定位。

　　寿命试验通过控制系统设置自动完成,试验的起升、下降的运行、间隔时间及循环运行的总时间在系统中已按照工作级别预先设定。由于采集、传输和显示环节频繁转换,容易导致系统数据精度降低,对采集的测量参数转换后全部进行数字化处理,采用数字化显示,从而保证采集数据的精度。

4.1.3.5　监控系统

　　为了实时把握测试状况,发现试验过程中突发情况,提高试验过程的安全性,对试验过程实行全过程监控。监控系统由试验区域监控、工况信息监控和试验参数监控三部分组成。

　　试验台的各关键区域布置监控摄像头,监控试验区域的工作情况,监控视频通过现场总线把监控视频传输至监控台,监控台显示器可以以矩阵方式同时显示四个通道的视频信息,并可以切换放大任意一个通道的信息。监控台还布置有工况信息和试验参数显示屏,实时显示电源信息、测试进程和参数的实时数据,使试验人员直观实时地把握当前测试信息,及时发现测试过程中出现的问题。

4.1.3.6　平稳加载系统

　　依据《起重机设计规范》(GB/T 3811—2008)考虑起重机动载荷试验对其自身的影响,以及载荷试验标准中对静载荷试验时需均匀加载的需要,为保证试验的可靠性和准确性,设计了一种新型的无冲击平稳加载方式来验证电动葫芦设计和制造的可靠性。

4.1.3.7　数据处理系统

数据处理系统是为了对试验数据管理、备案和查询设置的,试验数据以数据库的方式存储,数据库管理系统采用 Access 软件作为专门的数据服务器,对所有测试数据进行管理,使数据分级访问,保障数据安全并提高数据检索和访问效率。系统可以自动生成并打印原始记录试验数据和试验报告,可以对试验积累的数据通过数理统计分析,得出不同规格型号的电动葫芦的稳定性、故障率、零部件和整机寿命的性能参数,为新产品开发设计提供数据支持,对电动葫芦能效测试进行测量不确定度分析,得出测试结果的准确度。

4.1.4　应用实例

以在试验台上进行电动葫芦的能效测试为例,介绍试验台先进性和实用性,试验方案如图 4-4 所示。

分别通过电参数表和激光传感器获取供给能和起升高度的参数值,能效测试采集数据时序图,如图 4-5 所示。

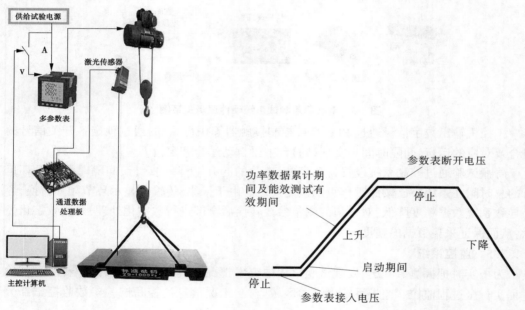

图 4-4　试验方案　　　　图 4-5　能效测试采集数据时序图

采用电参数表连续测量功,对能效的测量过程是:在起升过程中,排除起升初期的 1 s 启动阶段,在稳定起升阶段测量消耗的功,同时计算出起升速度与载荷的数值,由此计算出此阶段电动葫芦输入功与输出功之比。

根据以上测试方案,设计了四组样本进行试验测试,分别是:

第一组:同一厂家生产的 4 台不同起重量 CD_1 型钢丝绳电动葫芦,电动葫芦的控制方式为继电器控制,4 台电动葫芦的起重量分别为 1 t、2 t、3 t 和 5 t。

第二组:同一厂家生产的 4 台起重量为 5 t 的 CD_1 型钢丝绳电动葫芦,控制方式为继电器控制。

第三组:同一厂家生产的 4 台起重量为 5 t 的新型钢丝绳电动葫芦,控制方式为变频器控制。

第四组:一台 CD_1 16-9M3 钢丝绳电动葫芦。

对采集到的样本进行以下项目测试:

(1)对第一组样本在额定电压、额定频率和额定起重量下测试其能效值,测试数据见图 4-6。

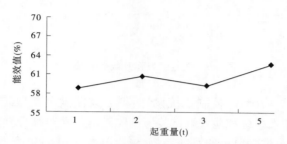

图 4-6　同一厂家 4 台不同起重量 CD_1 型电动葫芦能效值

(2)对第二、第三组样本进行编号后,分别在额定电压、额定频率和额定起重量下测试其能效值,测试数据见图 4-7。

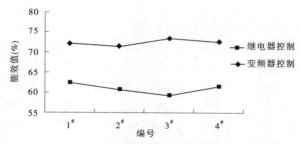

图 4-7　同一起重量不同控制方式电动葫芦能效值

(3)对第四组样本采用升降分离和升降一体两种方法分别计算能耗和能效指标。升降分离法指分别测量和计算上升和下降过程中的输入和输出的能量。升降一体法指将载荷上升、下降作为一个完整过程进行计算。

①额定电压、额定频率和 0.5 Gn 分别按照上升、下降及升降一体在 0.5 m、1 m、1.5 m、2 m、2.5 m、3 m、3.5 m、4 m 进行测试,可以得出其能效值与起升高度的关系(见图 4-8)。

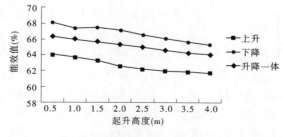

图 4-8　能效值与起升高度的关系

②额定电压和额定频率分别按照上升、下降及升降一体分别加载 0.2 Gn、0.4 Gn、0.6 Gn、0.8 Gn 和 1 Gn 进行测试,可以得出其能效值与起升载荷的关系(见图4-9)。

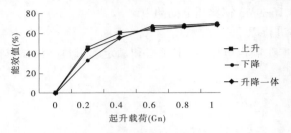

图4-9　能效值与起升载荷的关系

通过对试验台的结构设计、控制系统设计,得出既能满足新型结构电动葫芦试验要求,同时又具有平稳加载系统和能效测试装置的先进电动葫芦综合性能试验台,该试验台符合国内外电动葫芦对试验要求的发展趋势,可以为我国电动葫芦更新换代,向高性能、低耗能、智能化、大型化发展提供试验数据支持。

4.2　试验载荷平稳加载装置

桥架型起重机的产品标准要求在静载荷试验的加载过程中要逐步、平稳地加载,目前桥架型起重机试验的现状是基本上都是采用固体实物作为试验载荷,由于固体实物吊装的特点,无法做到逐步加载,只能一次性加载到位。起重机的承载能力都是按照额定起重量设计的,对于超载试验时,只是按照《起重机设计规范》(GB/T 3811—2008)的要求考虑了 1.1Gn(1.1 倍额定起重量)的动载荷试验的动载系数,静载荷试验并没有考虑相应的系数,因此加载过程是一次性加载到位的,加载过程中对设备的破坏程度无法掌握,容易造成因试验导致的事故。现在也有少部分用水袋装水的方法作为试验载荷的,因为水袋使用过程中是需要一次性加满水才能进行试验,所以使用水袋也只是解决了固体实物作为载荷不方便运输的问题,对于标准中要求的静载试验逐步、平稳的加载问题却没能解决。

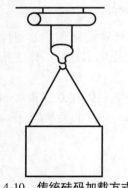

图4-10　传统砝码加载方式

4.2.1　传统加载方式

目前在起重机检测中用到的加载方式主要有传统砝码加载、卧式拉力试验机加载、水袋加载等。

(1)传统砝码加载方式(见图4-10)。这种加载方式是把集合好的 1.1Gn、1.25Gn 的载荷直接在起重机或电动葫芦上加载,其优点是加载简便易行,缺点是无法实现加载过程中逐级平稳加载,试验过程中需要多次更换载荷,载荷码集、吊装比较麻烦,而起重机起升机构一旦失效,极容易造成事故,而对于设备的破坏点无法确定,对于试验的意义基本上已失去一半。

(2)卧式拉力试验机加载方式见图 4-11,其特征在于卧式拉力试验机定位在被测起重设备一侧,卧式拉力试验机上挂接设置称重传感器,称重传感器的测重吊钩上配合设置钢丝绳,钢丝绳通过定滑轮改变力的方向后连接到试验设备的吊具上,采用反向拉力替代试验砝码,免去了试验吊钩砝码的准备、搬运等过程,可降低对试验环境的要求及简化操作、提高检测效率、节省大量的人力和财力,尤其是针对大吨位起重机的静载荷试验所产生效益更加显著,可明显降低检测成本。

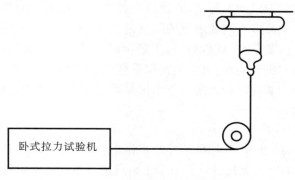

图 4-11　卧式拉力试验机加载

此种方案的优点是操作简单,加载平稳,易实现,提高效率,但缺点是成本较高,定滑轮在试验台下固定不好实现,动载试验时,运行机构的运行试验操作难度大,在下降的测试过程中对制动下滑量参数难以实现测量。

(3)水袋加载。试重水袋,又叫配重水袋(见图 4-12),袋体为花瓣型设计,成型采用高压热合技术,高强度纤维吊带穿插于袋体中,充分保证水袋起吊安全。作为一种新型多用途试验载荷方式,克服了传统试重砝码重量过大、运输不便等限制条件;可无级标重,电子测量,计量准确,操作方便,大大降低了载荷质量误差;可折叠,重量轻,体积小,安全可靠,运输方便,节约了工作时间,提高了操作安全性,有利于节约资源,经济环保。

图 4-12　试重水袋

使用试重水袋确实极大地方便了对起重机械载荷能力的检验,有效解决传统砝码运输、吊载、质量误差等问题。但是因其柔性、密度低的特点导致同等载荷情况下,水袋体积及高度过大,易导致试验台高度及结构尺寸或地坑过深及面积过大,从而占用车间过多的面积,并使车间高度加大,增加车间建设及试验台制作成本。

4.2.2　平稳加载装置的设计

基于以上传统加载方式的不足,需要设计一种既能实现平稳加载,又方便加载,且不会导致测试现场所需的高度空间或地坑的深度过大,现可采用一种砝码加特制可以控制水量加入的水箱作为试验载荷,试验时,对于额定起重量≤20 t的起重设备,其试验可直接由四组加载系统简单组合实现;对于额定起重量>20 t的起重设备,可由固定砝码加上加载系统使超载部分变载荷加载。泵加载系统是通过定量泵对水箱加水,通过程序对加入水的重量精确控制。

4.2.2.1　砝码托盘

此方案的实现是通过砝码和超载部分的水箱组合,组合实现的基础是设计一个能托起二者的托盘(见图 4-13),此托盘设置四个吊装点用来吊挂吊装索具。

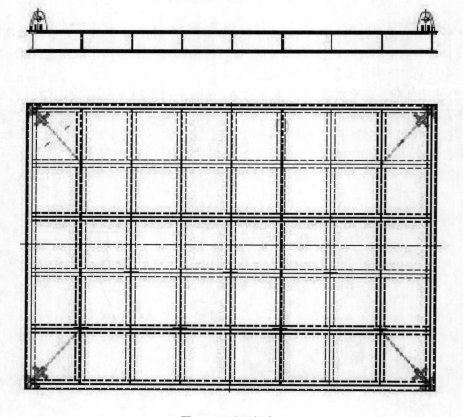

图 4-13　砝码托盘

4.2.2.2　加载方案图

　　试验时,对于大吨位的起重设备,用砝码加载至额定载荷,在砝码上方放置水箱(水箱结构见图 4-14),然后起升重物,等载荷稳定后,打开定量泵开关,向水箱内注水,通过程序设置注入水的体积,使其满足标准对试验载荷重量的要求,加载方案见图 4-15。因为水是流体,为防止试验过程中加入的水偏置导致试验载荷偏斜,在水箱内加入隔板进行分区,并在隔板的底部开流通槽,保证水在各个区域内能自由流通,使水箱内的水不至于偏向某一边。

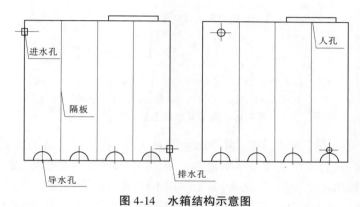

图 4-14　水箱结构示意图

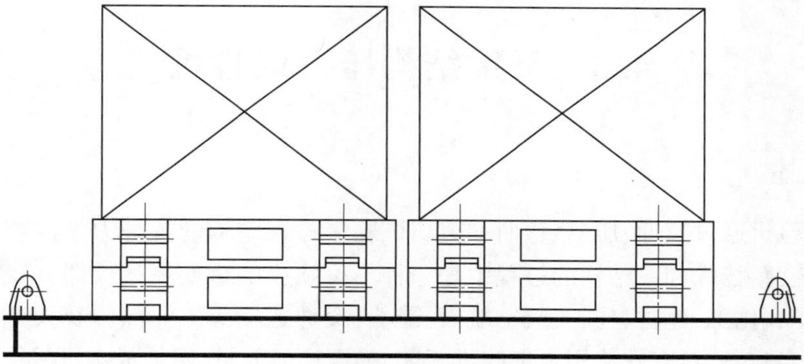

图 4-15　加载方案图

4.2.2.3　流量泵加载系统

　　加载系统采用定量泵,通过加载系统可以设定每次加载量,并连续加载,流量泵加载系统见图 4-16,水箱通过加载系统从图中 13 的快速接头向水箱内注入水,水的注入量通过电磁流量计 10 测量,并把数据传输到计算机,由设定的程序控制注入水量。具体试验时的加载方法是根据被试验设备的起重量和试验工况向程序内输入起重量的值,并选择要进行的载荷试验类别,程序自动计算加水量。

4.2.3　试验加载

　　对于小吨位的起升设备(可依据现有砝码判定)可使用水箱加流量泵的方案,对于大

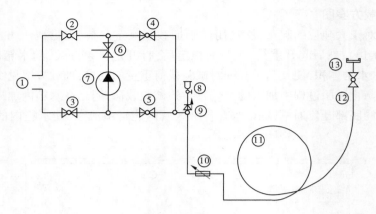

1—出入水口；2~5、12—球阀；6—电磁阀；7—流量泵；8—自动排气阀；
9—止回阀；10—电磁流量计；11—钢丝软管；13—快速接头

图 4-16　流量泵加载系统原理图

吨位起升设备，可使用标准砝码加水箱和流量泵的方案，首先对设备加载到额定载荷，关闭设备的动力电源，目测检查设备结构是否有变形，零部件是否有损坏，如无则打开水箱水泵开关，向水箱内注水，分 4 次完成，第 1 次加 10% 额定起重量的水，后 3 次每次加 5% 额定起重量的水。每次加注完成后均对起重设备情况进行目测检查，加至 1.25 倍额定起重量载荷后保持 10 min，再对起重设备进行目测检查和相关测试。

4.3　三维结构压力试验机

4.3.1　概述

　　力学试验机通过拉伸、压缩、弯曲和剪切试验来考察结构的各种力学性能，在探索新材料、新工艺、新技术和新结构的过程中是一种不可缺少的重要测试仪器，广泛应用于机械、冶金、石油、化工、建材、建工、航空航天、造船、交通运输等工业部门及大专院校、科研院所的相关实验室，对有效使用材料改进工艺、提高产品质量、降低成本、保证产品安全可靠等都具有重要作用。

　　本章所介绍的三维结构压力试验机是一种专门适用于研究桥门式起重机主梁等大型金属结构件的压力设备，该设备能模拟起重机主梁在工作时的真实受力状态。额定试验压力能达到 5 000 kN，采用液压伺服控制，配置有多套工装，压力自动控制，自动输出试验结果。在全国同行业的其他科研院所还没有出现这样的功能齐全、输出结果准确的专用压力设备。

4.3.2　功能

　　三维结构压力试验机主要应用于桥门式起重机等大型结构及构件的静态性能试验研究，如图 4-17 所示。

图 4-17　三维结构压力试验机

　　该压力试验机可实现在同一个固定试验环境下,测量跨度不超过 30 m 的不同结构型式的桥门式起重机主梁强度及刚度。由于桥门式起重机品种较多,主梁结构型式差异很大,为了准确测量主梁的实际受力情况,相应的试验辅具至关重要,每一种结构需要一种试验辅具。针对以葫芦为起升机构的多种结构型式的桥门式起重机实际情况,创新设计了一种动力驱动反力架,达到了施力准确、结构合理、试验夹装方便、通用性好、节约材料的效果。

4.3.3　试验机原理

4.3.3.1　试验原理整体介绍

　　系统加载框架为两立柱门式框架,其上安装单出杆双作用活塞缸,为起重机梁弯曲试验提供加载力。横梁中心处最大承载力 5 000 kN,横梁及立柱均采用 Q235-A 钢板焊接而成。框架安装在钢筋混凝土地基上,试验安全可靠,如图 4-18 所示。

图 4-18　试验机整体结构示意图

　　加载框架的立柱和横梁均采用等强度厢形梁焊接结构;横梁可沿立柱上下移动。两根立柱通过螺杆固定在钢筋混凝土底座上,从而形成自反力加载系统。

　　(1)试验空间。垂直试验在横梁和底座之间完成。

　　(2)负荷传感器。垂向负荷传感器安装在垂向油缸活塞与压盘之间,作用是将外加的压力通过放大器转换成电信号输出。

（3）限位开关。垂向油缸限位开关安装在垂向油缸侧面导向杆的顶部,当油缸活塞伸出长度超过设定位置时,限位开关动作,油缸活塞停止伸出。

（4）急停开关。急停开关即电源开关,安装在控制柜面板上。在紧急情况下,按下急停开关使伺服系统断电,油缸立即停止移动。

4.3.3.2　试件反力架

该三维结构压力试验机自带试件反力架装置,能够对葫芦式起重机的受力状态进行最真实的模拟,如图4-19所示。

图4-19　反力架装置

该加载结构由固定梁、电机蜗轮蜗杆组、丝杠、直线导轨、拉杆、导向块、钳口块及钳口块座组成。固定梁连接在负荷传感器上,调整到位后通过锁紧机构锁死;固定梁通过蜗轮蜗杆机构实现上下移动,电机蜗轮蜗杆组通过直线导轨固定在固定梁上,并可沿直线导轨移动,实现加载钳口块的上下移动;钳口块座可沿导向块移动,确保加载点加载到位。该结构实现了加载空间的左右及上下调整,方便试验操作。

4.3.3.3　伺服液压加载系统

伺服液压加载系统主要是为主机上的5 000 kN垂向动作器提供液压动力。液压系统包括油泵电机组、油箱装置、过滤装置、方向调节装置、压力调节装置、压力安全装置和冷却装置等。吸油和高压系统均配有过滤装置,出口压力分别由负载敏感阀、电磁溢流阀、手动溢流阀控制。其关键零部件——伺服阀、低噪声高压齿轮泵均采用原装进口,保证了系统高品质的性能和耐久性。

为减少系统发热和节约能源,垂向主加载油缸采用伺服阀和负载敏感阀分别对流量、方向和试验力实施控制。进行试验时,伺服阀开口的大小直接控制活塞进出快慢,从而实现试验速度的快慢,负载敏感阀控制的是试验力能否达到试验要求的负荷和达到试验负荷时而不致产生较大的冲击力。试验结束后,可事先将负载敏感阀设定成一个较低压力,采用伺服阀将活塞返回到试验开始时的位置。这种采用负载敏感阀控制的方式被称为负载适应型控制,这种控制方式就是当液压系统的压力升高和降低时,负载敏感阀的调定压力随之改变,与系统压力保持同步,这种控制方式不仅大大降低了能耗、减少了发热、减少了冷却系统的压力,而且提高了整个液压系统的安全性和可靠性。

4.3.3.4　操作台

该三维结构压力试验机的操作台如图 4-20 所示。

该操作台主要包括软件控制系统、强电控制系统、液压控制系统。软件控制系统主要用于控制及空间调整的各种操作及试验过程中控制器与计算机的通信,实现各种保护动作和主机油源的状态显示等。强电控制系统包括降压启动柜、主控制台、分线盒等。大功率降压启动柜用于对三组油泵电机组实施降压启动,减少系统启动对电网的冲击,提高网络安全性。液压控制系统主要包括控制试验准备期间的油泵启动、加压和泄荷等操作。

4.3.3.5　数据采集系统

5 000 kN 高精度轮辐式拉压负荷传感器如图 4-21 所示,通过此传感器和数据线把采集的数据传输至控制台上的软件分析系统,对数据进行分析和处理。

图 4-20　操作台

图 4-21　负荷传感器

4.3.3.6　伺服控制系统

(1)集全数字电液伺服闭环控制、数据处理、数据分析于一体。

(2)具备完整的文件操作功能,如试验报告、试验参数、系统参数均可以文件方式存储。

(3)支持各类商业通用打印机。

(4)控制系统以软件系统为支撑,升级简易。

(5)软件主界面集材料试验日常操作所有功能,如试样信息录入、试样选择、曲线绘制、数据显示、数据处理、数据分析、试验操作等功能于一体,试验操作简易、快捷。

4.3.4　试验机的应用

基于三维约束的桥门式起重机主梁结构试验系统,主要用于实验室环境下、设计阶段内的桥门式起重机主梁的强度、刚度和稳定性试验,以此验证设计的桥门式起重机主梁的强度、刚度和稳定性。随着装备制造业敏捷制造、柔性制造等先进性制造技术的发展,能在设计环节、在实验室环境状态下研究桥门式起重机结构设计,对于优化设计或者节能

(主要是节材)等绿色制造最为关键。此压力试验机采用最节能和节材的结构形式。在设计阶段桥门式起重机最关键的就是试验手段的提供,此试验技术不仅是为政府提供技术支撑的检验机构需要,桥门式起重机制造单位也需要,更是促进行业发展的必要手段,对不合理的情况在设计环节更早发现和提供整改措施,对装备制造业具有极大的意义,减少制造单位研发成本,降低用材,优化结构。

该压力试验机可以试验绝大部分的桥门式起重机主梁,如电动单梁起重机、电动葫芦门式起重机、电动葫芦桥式起重机、通用桥式起重机、通用门式起重机、欧式单梁起重机、欧式双梁起重机,下面以额定起重量 3 t、跨度 6 m 的电动单梁起重机结构分析为例说明压力机的试验效果。

4.3.4.1　试验内容

(1)建立 LD 电动单梁起重机主梁的有限元数值分析模型;

(2)计算 LD 电动单梁起重机主梁在额载工况作用下主梁的应力。

4.3.4.2　主梁的有限元应力分析

通过对材料的输入、几何模型的建立与约束条件的限制、网格划分及求解等一系列操作后额载工况的求解结果如下:

提取主梁的 X 向应力,主梁的最大压应力出现在主梁上盖板,分别提取主梁上盖板跨中中部和边缘应力,跨中应力为−17.58 MPa,边缘应力为−17.62 MPa,如图 4-22(a)所示;

主梁的最大拉应力为 25.83 MPa,出现在主梁下部斜腹板与轨道连接部位,如图 4-22(b)所示;

轨道主要承受拉应力,最大值为 33.03 MPa,出现在轨道中部,如图 4-25(c)所示。

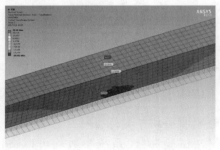
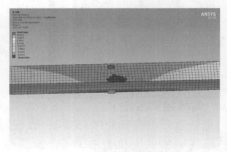

(a)主梁 X 向应力　　　　　　　　　　　　(b)腹板 X 向应力

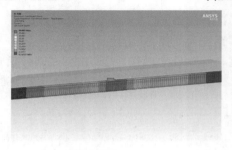

(c)轨道应力云图

图 4-22　电动单梁起重机工况计算结果

有限元分析结论如表 4-1 所示。

表 4-1　有限元分析结果汇总

工况说明	最大应力部位	评价变量		
		应力值/MPa	安全系数	说明
额定载荷	横梁上盖板(中)	−17.58[1]	13.37[2]	满足要求
	横梁上盖板(边)	−17.62	13.34	满足要求
	横梁下部斜腹板	25.83	9.10	满足要求
	轨道	33.03	7.11	满足要求

注:(1)应变片测试出结果,无法计入设备自身重力影响,故忽略重力影响。
(2)起重机的许用安全系数为 1.34,同时为保守计算,压许用应力 = 拉许用应力,对零部件进行校核。

主梁经过有限元验算强度合格,安全系数较高,满足设计要求。
应变片布点位置及应力测试比对结果如表 4-2、表 4-3 所示。

表 4-2　应变片布点位置

序号	位置	位置示意图
1	上盖板跨中中部,沿主梁方向布置	
2	上盖板跨中边缘,沿主梁方向布置	
3	(1)下侧板跨中下部,沿主梁方向布置; (2)沿下盖板向上方向布置	
4	轨道跨中下底面,沿主梁方向布置	

表 4-3　仿真计算数据与应力测试数据对比

工况	测点位置	计算数据/MPa	测试数据/MPa	误差/%
1.0 Gn	上盖板(中)	−17.58	−18.5	5.2
	上盖板(边)	−17.62	−19	7.8
	斜腹板	25.83	21.7	−16.0
	工字钢	33.03	37	12.0

以上为有限元软件分析与实际试验数据的比对结果,试验数据和计算结果的趋势变化相一致且误差较小,说明了该三维结构压力试验机在应力加载方面的稳定性和测量的精确性。

4.4　户外移动检测平台

4.4.1　概述

　　移动检测是指在移动或移动后停止状态下,进行检测、校准或科学实验的活动,与传统的固定实验室相比,移动实验室具有良好的机动性、快捷性、应激性等优势,目前在国内移动实验室主要以检测车的形式得到了快速的发展和应用,其机动、快捷、现场检测的特点弥补了固定实验室在应对突发事件、深入偏远地区时的局限性,也已基本建立了有关移动实验室的标准体系。

　　起重机械的检验检测存在着品种丰富、测试项目多等特点,且起重设备经常安装在户外、工厂厂区、施工工地等区域,位置偏远,布置较分散,如何能够更好地创新服务手段、提高技术能力、加速数据融合和信息化建设、为特检工作提质增效成为特种设备检验检测机构的一个研究方向。

　　移动实验室、户外检测专用车等技术不断发展为这一研究方向提供了思路,其在食品检测、环境监测、医疗卫生、承压类特种设备等领域已有诸多应用案例(见图4-23)。尤其是2020年新冠肺炎疫情出现以来,移动核酸检测车、车载CT等呈爆发式增长,显示出了移动检测的优势。移动检测技术克服了传统手段测试周期长、反应速度慢、机动性差等缺陷,成为现有测试技术的延伸和扩展。

 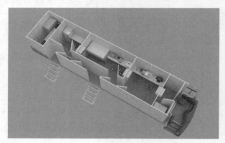

图 4-23　移动检测技术在食品、医疗领域的应用

4.4.2　移动检测技术的应用

　　我国的移动实验室、移动检测技术的研究及应用起步虽然较晚,但随着高质量发展战略的稳步实施,以及应对环境、疾病、安全等领域突发事件的能力的提升,相关技术得到了快速发展。

以移动检测车为代表的移动检测技术应用越来越广泛,我国从 20 世纪 80 年代开始着手移动检测车技术的研究,最初主要是针对石油、煤矿、户外测绘等需要在野外携带检测仪器的一些行业,产生了测井车、放射源车等车型,目的是为现场使用的仪器设备提供一个专用的运载工具,将检测设备运输到现场进行检测,这些行业的一些检测特点与起重机械检验检测也十分类似,对起重机械整机的户外检测技术的研究提供了一些参考。

在 90 年代后期,质检、药检等部门提出了现场检测的需求,并采购了一定数量的检测车,绝大多数是采用客车、面包车进行了简单的改装。经过几十年的发展,目前,我国检测车生产企业有数十家,南京南汽专用汽车有限公司、江西江铃汽车集团改装车有限公司、天津中天高科特种车辆有限公司是我国快速检测车起步较早、技术较好和市场占有率较高的生产厂家。目前,我国检测车的开发生产大致有两种模式:一种是汽车改装厂根据检测市场需求自行研发生产检测车;另一种是检测车集成,这种模式主要表现在"两头在内,中间在外",即市场和研发由集成单位负责,中间生产环节委托给有生产能力的加工企业。

检测车已广泛应用于食品、药品、农产品、畜产品、环境、大气、水质、气象、公路、桥梁、计量、特种设备、卫生防疫等相关领域,车型包括有食品安全检测车、药品安全检测车、环境应急检测车、电力试验车、计量监督检测车等。

4.4.3 起重机械移动检测平台的设计

起重机械的检验检测不同于食品、卫生、医疗等类别,除部分零部件能够在实验室内进行测试外,大量的测试项目都在现场起重机械本体上进行,测试仪器以便携式为主,由工作人员携带专用检测工具箱到现场进行测试。受普通载具运载能力和特性的影响,能够携带的仪器数量、大小都有限,一些精密仪器、大中型设备在长距离运输时受到震动、碰撞的影响,精度和稳定性都难以保障。基于以上情况,检测平台在设计时需要充分考虑起重机械品种丰富且型式多样、测试项目种类繁多、测试方法各异等特点,以最大程度满足现场的日常检验检测需要、提高效率、扩展能力覆盖范围、优化作业程序为基本原则,对其组成和功能进行了整体规划,如图 4-24 所示,将平台分为车载基础和业务测试两个模块。

车载基础模块可实现快速、安全地到达各种测试现场,提供完善的作业条件和良好的办公环境,并为业务测试模块提供支撑和存储条件,车载基础及其改装需符合相关法规标准要求并完成工信部专用车公告。车载基础模块由配电系统、照明系统、环境调节系统、辅助系统四部分构成。

业务测试模块则通过测试资源合理配置、移动办公软件整合满足了包括型式试验、定期检验及委托检验等在内的测试需求,实现了现场业务和测试全流程的一站式服务。业务测试模块由测试系统、业务系统、远程联检系统三部分构成。

在设计过程还应当特别注意以下问题:

(1)车体应考虑内侧加装隔热层、车身玻璃贴附深灰色太阳膜,避免过大的传热系数和强烈的阳光直射,保障停车状态下车内温度。

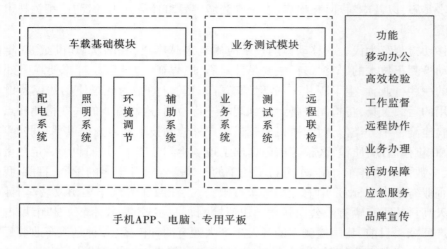

图 4-24　起重机械移动检测平台模块组成和功能示意图

（2）设计有折叠踏板及其固定装置，用于较大仪器设备或零部件的装卸，车内存放仪器的箱体与吊柜应具有减震、固定措施，为精密仪器提供良好的存放环境。

（3）车体改装应符合国家和行业相应标准，改造后其主要性能指标应不低于原车性能指标，改装材料应绿色环保，车辆整体密封性不能受到破坏，在改造完成后应进行淋雨测试，验证其密封性能。

（4）在各功能区布置设计时应确保载荷分配及左右配重合理，工作人员出入顺畅，操作方便，设备、人员在正常工作时不应出现相互干涉交叉的影响。

（5）还应配有反光背心、三角警示牌等设施，驾乘区和工作区均应在显著位置分别布置水基灭火器、安全锤，在工具箱内放有安全帽、隔离桩、警戒线、警示牌等安全作业设施，在行驶过程中供人员乘坐的座椅均应配安全带并符合相关标准要求。

平台设计的检测能力可根据业务需要，以满足起重机械品种法定的监督检验、定期检验、型式试验及其他特殊检测要求。检测能力覆盖应考虑产品标准中的关键检验项目，并且具有扩展性，可极大延伸检测能力范围，既能有效提高工作效率、优化业务流程、规范仪器设备管理，也可满足个性化委托检测需求，提供重大活动、事件的保障服务，同时可肩负品牌宣传、业务推广、科普惠民等相关工作，与传统实验室、现场测试互为补充、相互推动。

4.4.4　结构与功能

4.4.4.1　平台结构

移动检测平台的车载基础采用轻型客车的成熟车款进行改装，自动变速箱，以柴油为动力，符合国Ⅵ排放标准，整车长约 5.8 m，既满足车内多套系统承载能力需要又机动轻便，适合市内及长途、偏远地区行驶。车载基础的主要技术参数如表 4-4 所示。

车身内部划分为驾乘区和工作区，两区间设置隔断及推拉窗，驾乘区共有标准座椅 3 个，未进行其他改造，保证原有的驾乘体验；工作区通过合理区间划分，实现办公、业务、检测三大功能。整车内外的布置如图 4-25 所示。

表 4-4　车载基础主要技术参数

项目	参数
外形尺寸(长×宽×高)	5 780 mm×1 974 mm×2 590 mm
乘员数(含驾驶员)	4 人
接近角/离去角	22.19°/24°
最高车速	145 km/h
最大功率	103 kW
燃油	柴油
排气量	2.198 L
排放标准	国Ⅵ

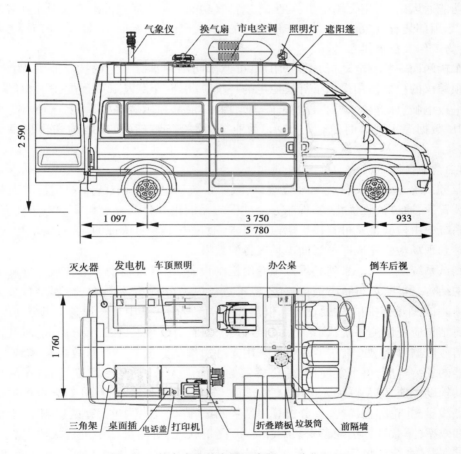

图 4-25　整车内外的布置示意图　(单位:mm)

4.4.4.2　车载基础模块

车辆配电系统按照《低压配电设计规范》(GB 50054—2011)的要求进行设计,配备外接市电、便携式柴油发电机和 UPS 三种供电方式,可提供 220 V 频率 50 Hz 的稳定电压输出。在车辆工作区办公台下安装有配电箱,采用集成控制电路驱动各路电源系统的输入、输出、控制、切换,配电箱上的状态指示设备能清晰地显示各供电线路电压、电流、频率的状态。工作台桌面、侧面及隔板墙壁布置多处五孔电源插座,整车所有线路采用隐藏式走线,交直流、强电与弱电、电源线及各种信号线均分开布置,满足电磁兼容要求。车辆配有接地系统和防雷系统,接地系统包括专用接地拖鞭、接地桩及车辆后方安装的汽车静电拖鞭;防雷系统采用电源防雷器,达到 Ⅱ 级防雷标准,具有热脱扣和指示功能。

车内照明系统采用车身顶部均匀布置的 6 盏 5 W 纯白光 LED 灯具,提供了工作所用照明亮度。车辆顶部安装有 90 W 聚光 LED 远程射灯,可作为工作现场光照不足时的照明补充,通过车内安装的遥控装置或者无线遥控器实现上下、左右角度调节。

环境调节系统包括空调、换气装置及环境状态监测装置,车内安装市电空调,用于驻车时车内温度调节,在无市电情况下也可以采用车内配备的柴油发电机进行供电。配置的多功能通风扇,采用无刷电机,可实现进排气功能。车内通过温湿度仪对工作环境进行监测,车顶部装有气象仪,可以对工作现场的风速、风向、温湿度、大气压、噪声等参数进行监测,为工作人员提供参考。

车辆侧面安装有电动折叠式遮阳篷,可遮阳防雨并具有一定的抗风能力,为全站仪、激光跟踪仪的户外使用提供了舒适稳定的环境。此外,车载基础中还配备了 5G 路由器、检测平板电脑、计算机、车内摄像头、硬盘录像机、液晶显示屏等辅助装置,使状态监测数据、测试数据等实现即时传输与显示,为业务、检验、远程联检功能的实现提供了硬件基础。

4.4.4.3　业务测试模块

业务系统主要构成有业务报检端口、缴费系统、检验系统、OA 系统、打印扫描装置、通信装置等,通过流程优化,实现业务全过程的无纸化办公及资料档案的电子化存储,在检验系统中由检验记录可直接生成检验报告,通过电子签名认证的应用,实现远程会签,最快达到现场检验完成即可当面出具报告的效果。

测试系统主要由一系列起重机械专用检测设备、工具及辅助装置构成。能够对起重机械的结构、电气、运行状态进行测试,也可进行应力分析、无损探伤、金属结构成分分析等专项测试,车载空间内主要设施与仪器如表 4-5 所示。其中重要设备有基于 FBG 技术的金属结构应变监测系统,该系统由信号数据分析、处理及传感三部分组成,车载计算机负责信号数据分析、处理,应变传感器采用光纤短周期光栅并进行有效封装,降低了应变传感器的安装难度,可重复使用,使传感器的寿命大大延长;车内配置了 Leica 激光跟踪仪及其辅助设施,这是一种先进的、高精度的空间三维坐标测量设备,对起重机械结构可进行点线量测、轮廓扫描、公差分析等一站式测量,降低人为测量误差的影响,具有更高的精度和效率,车载计算机配套安装 Metrology 测量软件,对测量结果进行接收、显示、分析和存储;测试系统还包括一些常见设备如全站仪、框式水平仪、绝缘电阻测试仪等,预留的存储空间采用了有效的减震和固定措施,可根据工作需要对随车设备进行替换变更,具有较好的扩展性。

表 4-5　车载空间内主要设施与仪器

具有固定措施的存储隔间布置			非隔间内布置
减震仪器箱	工具柜	成套设备	电脑
钢卷尺	反光背心	全站仪	打印机
钢直尺	警示牌	UT 探伤仪	移动平板
绝缘电阻仪	安全帽	框式水平仪	对讲机
声级计	隔离桩	激光跟踪仪	发电机与电缆
万用表	警戒线	应变监测系统	便携直读光谱仪
风速仪	警示牌	红外分析仪	三脚架
测距仪	安全绳	接地电阻仪	折叠座椅
手电	⋮	可扩展隔间	其他

远程联检系统通过 5G、Wifi 网络,实现跨地域测试数据传输、资料库调用、高清视频展示、专家远程会检的协同工作,远程中心服务器可与检测平台端实现双向视频语音对讲,对复杂检验检测现场进行实时指导,通过调用车辆 BDS、状态、环境监测信息及视频直播或录像,还可对检验检测工作进行监督、抽查,规范检验检测行为。协同和监督工作均由被授权的客户端且经用户身份鉴定后进行登录,整个系统具有完善的系统日志,可对所有用户的操作记录进行统计和查询,便于相关行为的追溯。

起重机械检测平台在设计时以成熟车型为载体,通过合理的空间规划、模块化的结构配置,整合配电系统、照明系统、环境调节系统、辅助系统、业务系统、检测系统、联检系统,能够有效提高检验检测效率与质量,为特种设备移动实验室的设计提供了参考,有利于树立智慧特检品牌,提升检验检测机构形象和综合实力。

4.5　故障诊断检测平台

4.5.1　概述

旋转机械是一种重要的动力传动装置,起重机的起升机构、大小车的行走机构及其他动力驱动系统等一般均采用旋转机械设备。旋转机械是以转子及其他回转部件作为工作的主体,一般都是设备的核心所在,一旦发生故障,将造成巨大损失。随着科学技术的发展,设备的性能越来越好,功能越来越多,结构越来越复杂,自动化程度越来越高,人们对设备安全、稳定、长周期、满负荷运行的要求也越来越迫切。然而,只有采用现代化手段,及时掌握设备的运行状态,才能预防故障,杜绝事故,延长设备运行周期,缩短维修时间,最大限度地发挥设备的生产潜力,提高经济效益和社会效益。

旋转机械设备具有以下特点:①减速机作为旋转部件均是机构中的关键部件。②如果减速机发生故障,后果严重,轻则影响生产、设备损伤,重则生命安全无法保证,社会影响恶劣。③对减速机进行故障检测时故障的位置和类型较难确定,一般情况下需要停机开箱确认或拆卸维修。

上述设备在运行时出现问题,或者拆开检查才能知道机器中哪部分发生了哪些故障。为了确保机器的正常运行,不得不规定定期维修检查制度,虽然符合维修规定,但是严重降低了生产效率。基于振动的故障诊断技术依据设备在运行的过程中,伴随故障必然产生的振动参数的变化来判别和识别设备的工作状态和故障,对故障的危害进行早期预报、识别,防患于未然,做到预知维修,保证设备安全、稳定、长周期、满负荷优质运行,避免"过剩维修"造成的不经济不合理现象。

建设故障诊断试验台作为技术研究基础,对保障安全生产、提高生产效率发挥了重大作用;故障诊断实验室进行故障诊断研究,可预防起重机械设备事故带来的巨大经济损失,避免造成重大人员伤亡;故障诊断实验室基于振动的故障检测研究的新方法、新技术,不仅能满足现有的故障诊断技术存在的诸多不足,同时能满足生产现场维修的实际需要。

4.5.2　基于振动的故障诊断实验室建设

4.5.2.1　振动实验室建设应满足条件

(1)确定减速机中失效的零部件为轴承和齿轮。通过对齿轮箱故障的分析,可知齿轮箱中存在较多的故障,其中以齿轮和轴承的故障模式最为典型。轴承中最常见、最典型的失效形式是轴承的点蚀及轴承中的零部件破坏,比如保持架的断裂或是滚珠的缺失;齿轮的失效形式最主要是以点蚀故障为主。

轴的主要的失效形式不做探讨。轴也是减速箱中最主要的零部件,轴的失效形式反映在轴承箱中的比较单一,而且一般都是由于装配引起的,在振动检测时故障特征也是比较明显,故不再作为主要的失效形式进行研究。

(2)振动检测故障特征与正常频率特征可实现比对。振动实验室的建设应以典型零部件的失效形式为基础,充分分析零部件的故障特征,采用振动测试仪对存在故障的零部件进行分析才能保证实验与实际应用的符合性。对于不存在故障的全新零件与故障零部件产生的故障频率特征是不一样的,故障诊断试验台应保证既能采集正常零部件的固有频率特征,也能采集故障零部件的特征,便于结构的分析比对。

(3)故障特征的设计应保证由单一故障逐渐向多重融合故障转变。振动实验室的故障拟从最常见的单一故障入手,建立单一故障的特征,保证振动数据的采集完整包含故障信息,之后逐渐以单一故障信息为基础,添加其他的故障信息,形成由简单到复杂、由浅入深的研究模式,最终实现对齿轮箱中轴承故障和齿轮故障的深入探究。

(4)试验台的运行情况应是对工况最大程度的模拟。试验台是基于振动的故障检测平台,可最大程度地模拟齿轮箱实际运行情况。应达到必要的转向、转速、转矩及负载。

在特种设备中,减速机所承受的负载情况是比较复杂的,起重机重物的起升与下降动作是直接改变电动机的转向就能实现,这种运行方式也是比较平稳的。但是有些游乐设施,比如说大摆锤的整个运行过程是摆锤的主传动采用了电机带动回转支承的恒扭矩驱动方式,使电机驱动时能对摆锤的摆动灵活跟踪,实现非匀速转动。这就需要试验台不仅能模拟起重机起升机构或与该机构的类似运行情况,同时也能模拟像大摆锤这样的特殊运行情况。

（5）诊断试验台不仅要满足初期要求，还要满足后续发展要求。试验台建设初期设计应满足大多数的机电类特种设备中减速器等关键零部件的检测要求，不仅考虑到正常情况设备的安放位置，还应考虑到特殊情况下设备的安放位置，这就需要试验台必须要有足够的安放空间。

试验台的发展不仅仅能做基于振动的检测试验，同时对声发射检测、红外检测等故障检测手段也应充分适应。该试验台除模拟故障零部件，模拟现场设备工况等功能外。还可作为减速机试验测试台，测量某些减速机的一些性能参数，如减速机传动效率、减速机寿命等。

4.5.2.2　振动试验台设计方案

根据条件测试需求和条件，在充分论证的基础上提出了基于振动的故障诊断试验台初设方案，具体的设计方案见图 4-26。

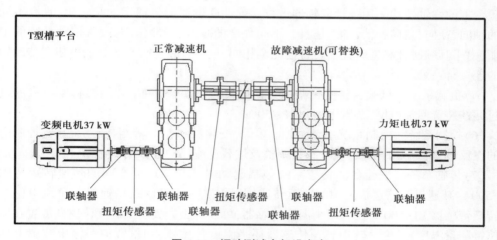

图 4-26　振动测试台初设方案

试验台分为八大系统，分别是支撑系统、动力系统、增－减速系统、连接系统、负载系统、控制系统、传感系统、输出与显示系统。

（1）支撑系统。试验台的支撑系统是一个 5 500 mm×3 000 mm、厚度为 200 mm 的铸铁平台，上面开 T 型槽，方便设备在其上螺栓联结。整个平台为坐落在其上的机械电气设备及零部件提供基础支撑；平台占地面积较大，充分考虑到日后其他零部件及其位置的摆放问题，在横向上也要能配置开来；同时考虑到日后针对更大功率的电动机或者更大尺寸零部件的摆放问题。

（2）动力系统。动力系统最主要的功能是为整个试验台提供动力，只有在电动机的带动下，整套设备才能运转起来。动力电机的额定功率是 37 kW，在变频器的控制下可以实现 0~1 441 r/min 之间的任意转速；在工作过程中，采用手动旋钮可实现任意转速的调节。通过手动旋钮在电动机在较低转速时可实现电动机转向的改变（换向）。

（3）增－减速系统。增－减速系统是由两台型号一样、呈镜向布置的减速机构成，其中增速系统是一台正常减速机，这里说的正常减速机是指理论上全新的减速机，没有任何故障,而减速系统是指一台同样的减速机,是有故障的减速机,这里的故障是按照预先设定的故障植入减速机中的。

增-减速系统的建立具有以下两个特点。首先,为了降低驱动电机输出端的扭矩,电机高速转动连接减速机高速端,减速机低速的输出转矩成 i(减速机速比)倍放大,若是直接连接负载端,无疑增加了负载段的功率和成本,通过增速系统之后增速机的高速端和减速机输入端的扭矩保持理论值的一致,这大大降低了负载的功率,比直接使用磁粉制动器作为减速机后的负载形式,大大降低了成本,而且整个系统也更加安全可靠。其次,减速机和增速机是两台型号一样的减速机,其中一台是完好无损的,另一台是有缺陷的,如果采用振动检测方法对这两台减速机进行故障特征的检测,不仅可以得到正常状态下齿轮或是轴承的频率特征,更能得到故障状态下齿轮或是轴承的故障频率特征,是一个正常的分析研究的方法,对研究基于振动的故障检测提供实践依据。

(4)连接系统。试验台上所说的连接系统指的是驱动装置与减速机之间的联轴器,试验台上的联轴器均采用弹性联轴器进行。弹性联轴器能传递运动和转矩,具有不同程度的轴向、径向、角向补偿性能,还具有不同程度的减振、缓冲作用、改善传动系统的工作性能,由于其顺时针和逆时针回转特性完全相同,更适合精度较高场合的电机与传动轴之间的连接,传感器与传动轴之间的连接。

(5)负载系统。试验台将变频调速力矩电机作为负载装置,并能够将发出来的电能通过回馈装置回馈电网,节省电能 30% ~ 50%。

(6)控制系统。控制系统主要由控制电路、变频器和 PLC 等组成,系统具有控制电动机的正反转、负载力的加载、运转参数调整及过载过流保护等作用。

(7)传感系统。试验台的传感系统包括驱动电机与减速器之间的转速转矩传感器 ZJ-500A、减速机和增速机之间的转矩转速传感器 ZJ-10000AE、增速机与负载电机的转速转矩传感器 ZJ-500A,还有两个温度传感器,可以将磁力吸座式温度传感器放置在需要的位置测量温度,无论是转矩转速传感器还是温度传感器,测量数值在输出装置上均有显示。

(8)输出与显示系统。输出与显示系统有两部分,其中包括传感器直接输出信号显示系统 TS3000 转矩转速功率采集仪,以及采集信号与电脑相联结的显示器显示,显示器可以显示不同区段的参数情况、负载情况,并且可以实时生产曲线,可以出具报告,数据采集工作台见图 4-27。

4.5.2.3　故障及故障植入方法

在振动检测的过程中,除与振动检测仪器相关的参数有要求外,最主要的就是要检测到设备零部件的故障信息,同时要有正常零部件的振动检测信息,保证与故障信息的对比分析研究。针对故障减速机中故障零部件,采用人为方式制造故障的零部件,并将故障的零部件按照装配要求安装在减速机中,这里最先保证的是故障是存在的。

1. 齿轮故障

分析了齿轮的常见故障,针对减速机中齿轮的常见故障,提出将模拟点蚀的齿轮故障植入减速机中,图 4-28 是齿轮点蚀故障植入后拍摄图片,从图片中可明显看出点蚀的布置情况。

图 4-27　数据采集工作台

图 4-28　齿轮点蚀故障植入图片

2. 轴承故障

经分析滚动轴承的常见故障可以看出,滚动轴承内外圈及滚动体的磨损是产生滚动轴承故障的最主要原因,保持架的断裂是导致滚动轴承直接破坏的又一原因,鉴于滚动轴承磨损的普遍性及保持架断裂对事故后果的严重影响,将该两种故障植入滚动轴承中,并进行分析研究。

振动检测时传感器要求安装在尽可能接近零部件故障位置的刚性连接上,由于 ZQ500-40 减速机三根轴的特点,高速轴轴承和齿轮均靠近电机侧,故在高速轴的轴承和齿轮分别植入人为故障;在低速轴的非联轴器侧分别设置轴承和齿轮故障,保证振动检测时振动信号的可检测性(见图 4-29)。

4.5.2.4　基于振动的故障诊断试验台

图 4-30 为基于振动的故障诊断试验台,该试验台驱动系统电动机为 37 kW 变频电机;电机增加过载保护系统,可防止转速过高引起电机故障;由 PID 控制可实现 0~1 440 r/min 间的任意转速。

负载力矩电机为 37 kW,由 PID 控制可实现 0~250 N·m 间的任意转速的选取,在测试试验中为故障减速机提供负载力矩,真实模拟现场负载工况;负载电机也采用过载保护

图 4-29　ZQ500-40 减速机装配图

图 4-30　故障诊断试验台

系统,可防止扭矩过高引起电机故障。支撑系统为 5 500 mmm×3 000 mm×200 mm 的铸铁平台,平台上开 300 mm×300 mmm 的 T 型槽,黄色安全罩内部为联轴器与转速转矩传感器。

　　该试验台上作为测试样机布置了两台减速机,型号均为 ZQ500-40,从图上看左侧为正常减速机(全新无故障),右侧为植入故障减速机,图上显示减速机为齿轮故障减速机,另外轴承故障减速机又安装到试验台上,需要检测轴承时可对故障减速机进行更换。这两台减速机都有用途,其中正常减速机提供振动检测过程中的正常零部件的振动数据,故障减速机首先提供振动检测过程中的故障零部件的振动数据,两者可以进行比对分析研究;其次故障减速机可降低正常减速机减速后产生的较大扭矩。

　　植入故障的两台减速机也可进行后续的多重故障再植入,开展新的检测试验,在故障诊断技术研究初期,拟先从典型、常见、单一故障着手,之后随着研究的深入开展可进行多种故障融合的故障诊断试验。

　　电机-减速机、减速机-减速机、减速机-扭矩电机之间分别安装 ZJ500-A 型、ZJ20000-AE 型和 ZJ500-A 型转矩转速传感器,负责测量试验过程中正常减速机和故障减速机高、低速轴产生的力矩和转速。

　　检测过程中试验台的参数均可视,转速选取、调整,扭矩选取、调整均可在操作台完成,并可直观显示;参数可实现交互式管理模式,可采用 PID 形式调整负载转矩的大小,转矩的输出过程可以通过屏幕以时间为横轴,完整呈现;整个试验过程中参数的变化过程可以以文件的形式保存下来,便于后续的研究应用。

4.5.3　试验台测试

4.5.3.1　振动检测测试仪器的选用

试验台测振仪采用恩普特科技股份有限公司生产的 PDES-E 设备故障诊断系统,所用仪器在其使用的环境中应能满意地工作,例如需考虑到温度、湿度等。应该特别注意保证振动传感器正确安装并且不影响机器的振动响应特性。

目前普遍用来监测宽带振动的两种仪器系统都是可以采用的,即:

(1)有均方根检测电路并且显示均方根值的仪器;

(2)既有均方根又有平均值的检测电路,有刻度读峰-峰值或峰值的仪器。该刻度以均方根值、平均值、峰-峰值和峰值之间假定的正弦关系式为基础。

如果振动评价以多个测量量(即位移、速度、加速度)为基础,那么所用仪器应能表明全部相关量的特征。

要求测量系统应有指示仪器的在线校准措施,另外要具有合适的数据输出接口,允许作进一步分析。

使用的 PDES-E 设备故障诊断系统可满足上述要求。

4.5.3.2　振动检测传感器测点设置

在振动采集的过程中,参照标准《在非旋转部件上测量和评价机器的机械振动》(GB/T 6075.3—2001)额定功率大于 15 kW 额定转速在 120~15 000 r/min 之间的现场测量的工业机器中的条款 3.2 中,测量位置通常在容易接近的机器外表部分进行测量。应保证测量能合理地表示轴承座的振动,而不包括任何局部的共振和放大。振动测量的位置与方向必须对于测量机器的动态力要有足够的灵敏度。典型情况下,需要在每一个轴承盖或轴承座两个相互正交的径向位置进行测量,传感器可放置在轴承座或机座上任意角度位置。对水平安装的机器通常放在垂直和水平方向,对垂直或倾斜的机器,能得到最大的振动测量读数的位置(通常沿弹性轴的方向)应作为传感器放置的一个方向。图 4-31 为试验台采集信息时测点布置,其中振动传感器以磁力吸座的形式吸附在轴承座上,并且呈正交布置。

4.5.3.3　基于振动的故障检测

采用 PDES-E 设备故障诊断系统对试验台的两台减速机空载情况下 800 r/min 时的振动数据的采集,检测参数为加速度。对正常减速机高速轴端进行振动数据的采集得到的振动波形与频谱图见图 4-32,其中直接反映减速机振动时强度的均方根值为 0.64。在故障减速机的高速轴位置采集振动数据得到的振动波形图见图 4-33,其中直接反应减速机振动时强度的均方根值为 0.68。

对相同的转速下(800 r/min)时域范围中的主要参数进行了对比,见表 4-6。对比表中主要参数的分析,故障减速机较正常减速机的参数值略有增加。

图 4-31　现场振动数据采集测点布置

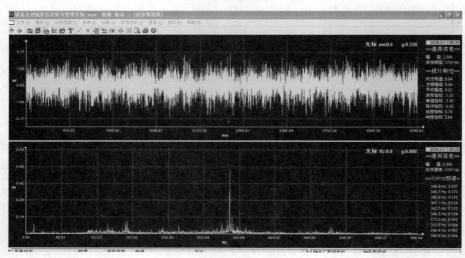

图 4-32　800 r/min 无故障齿轮波形与频谱图

表 4-6　时域范围主要参数对比

主要参数	正常减速机	故障减速机	差值
均方根值	0.64	0.68	0.04
方根幅值	0.44	0.45	0.01
平均幅值	0.52	0.53	0.01
波形指标	1.23	1.28	0.05
峰值指标	3.30	4.70	1.4
脉冲指标	4.05	6.04	1.99
裕度指标	4.74	7.20	2.46
峭度指标	2.64	3.59	0.95

图 4-33 为减速机高速端在 800 r/min 时采集振动检测数据生成的频谱图和波形图，从频谱图中可以看出，正常减速机的采集频谱和故障减速机采集到的频谱图区别较大，故障减速机在 520.2 Hz 时恰巧是啮合频率 173 Hz 的 3 倍，说明高速端轴的齿轮上有缺陷存在，因为故障植入的是点蚀故障并且在高速端的齿轮上，这样的检测结果与预想结果保持一致。

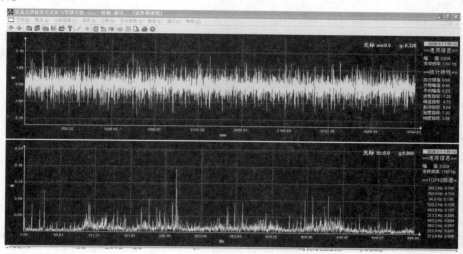

图 4-33　800 r/min 时故障齿轮波形与频谱图

同时还对减速机输入转速 1 000 r/min 时的振动情况进行了检测和分析，结果同样表明，正常减速机的采集频谱和故障减速机采集到的频谱图区别较大，故障减速机在 217.4 Hz 时恰巧是啮合频率 217 Hz 的 1 倍，说明轴的齿轮上有缺陷存在。

4.5.3.4　基于振动烈度对机械设备状态的评价方法

在振动故障检测中规定振动速度的均方根值（有效值）为表征振动烈度的参数。而振动速度作为衡量振动激烈程度的参数，它不仅可以反映出振动的能量，因为绝大多数的机械设备的结构损坏都是由于振动速度过大引起的，机器的噪声与振动速度成正比；对于同一台机器的同一部分，相等的振动速度产生相同的盈利，而且对于大多数的机器来说都具有相当平坦的速度频谱。

在国际标准 ISO 2372 中规定了转速为 10~200 r/s 的机器在 10~1 000 Hz 的频率范围内机械振动烈度的范围，将速度的有效值从 0.11 mm/s（人体刚有振动的感觉）到 71 mm/s 的范围内分为了 15 个量级，相邻两个烈度量级的比约为 1:1.6，即相差 4 dB。对于大多数机器的振动来说，4 dB 值意味着振动响应有了较大的变化。有了振动烈度量度的划分，就可以用它表示机器的运行质量。为了便于实现，将机器运行质量分成四个等级：

A 级——机械设备正常运转时的振动级，此时机器的运行状态"良好"，在标准中评价是"优良"。

B 级——已经超过正常运转时的振级，但是对机器的工作质量尚无显著的影响，此种运行中的状态是"容许"的，在标准中评价是"良"。

C 级——已经达到相当剧烈的程度,致使机器只能勉强维持工作,此时机器的运行状态成为"可容忍"的,在标准中评价是"合格"。

D 级——机器的振动已经大到使机器不能正常运转工作,此时的振动级别是"不允许的",在标准中评价是"报警"。

显然,不同的机械设备由于工作要求、结构特点、动力特征、功率容量、尺寸大小及安装条件等方面的区分,其对应于各等级运行状态的振动烈度范围必然是各不相同的。所以对各种机械设备是不能用同一标准来衡量的,但也不可能对每种机械设备专门制定一个标准。为了便于实用,ISO 2372 将常用的机械设备分为六大类,令每一类的机械设备用同一标准来衡量其运行质量。机械设备分类情况如下(振动烈度以分贝表示时,选 $V_{rms}=10\sim5$ mm/s 为参考值,即振动速度有效值此时相当于零分贝):

第一类:在其正常工作条件下与整机连成一整体的发动机和机器的零件(如 15 kW 以下的发电机)。

第二类:设有专用基础的中等尺寸的机器(如 15~75 kW 的发电机)及刚性固定在专用基础上的发动机和机器(300 kW 以下)。

第三类:安装在振动方向上相对较硬的、刚性的和沉重的基础上的具有旋转质量的大型原动机和其他大型机器。

第四类:安装在振动方向上相对较软的基础上具有旋转质量的大型原动机和其他大型机器(如透平发电机)。

第五类:安装在测振方向相对较硬的基础上具有不平衡惯性力的往复式机器和机械驱动系统。

第六类:安装在测振方向相对较软的基础上具有不平衡惯性力的往复式机器和机械驱动系统等。

通过大量的实验得到了前四类机械设备的运行质量与振动烈度量级的对应关系,如表 4-7 所示。

如表 4-7,第五类、第六类的机械设备,特别是往复式发动机由于结构不同,其振动特性变化很大,往往允许有较强烈的振动(如 $V_{rms}=20\sim30$ mm/s)而不影响其运行质量。而安装在弹性基础上的机器受到隔振作用,由安装点传到周围物体的作用力是很小的,在这种情况下机器的振动将大于安装在刚体基础上的振动,如高转速的电机上测得的振动速度有效值可达 50 mm/s 或更大。在上述情况下用振动绝对量级来衡量机器的运行质量显然是不恰当的;就是对于第一至第四类机器,由于实际情况是千变万化的,表 4-7 中所示的机器运行质量与振动烈度的关系也只能作为参考。可以考虑以其"良好"运行状态的量级为参考值,在此基础上若增大 2.5 倍(8 dB),表明机器的运行状态已有重要变化,此时机器虽尚能进行工作,实际上却已处于不正常状态;若从参考状态的基础上增大 10 倍(20 dB),就说明该机器已需进行修理;再继续增大,机器就将处于不允许状态。上述振动烈度相对变化与机器运行质量间的关系常用于以振动信号进行故障诊断时的判据。

表 4-7　四类常用设备的振动烈度评级关系

振动烈度分级范围		机械设备的类别			
振动速度的有效值/（mm/s）	分贝/dB	第一类	第二类	第三类	第四类
0.071~0.112	77~81	良好	良好	良好	良好
0.112~0.18	81~85				
0.18~0.28	85~89				
0.28~0.45	89~93				
0.45~0.71	93~97				
0.71~1.12	97~101	容许	容许		
1.12~1.8	101~105				
1.8~2.8	105~109	可容忍		容许	
2.8~4.5	109~113		可容忍		容许
4.5~7.1	113~117	不允许		可容忍	
7.1~11.2	117~121				可容忍
11.2~18	121~125		不允许		
18~28	125~129			不允许	
28~45	129~133				不允许
45~71	133~137				

　　在参考标准 ISO 2372 后,将基于振动故障检测的试验台划分为第三类:安装在振动方向上相对较硬的、刚性的和沉重的基础上的具有旋转质量的大型原动机和其他大型机器。参考四个区段对齿轮箱进行综合评价,这四分区分别是:A 区表示"良好",B 区表示"容许",C 区表示"可容忍",D 区表示"不允许"。

　　经检测,相同的测点位置(均是减速机高速轴轴承座位置)不同转速下的振动烈度值略有不同,在 800 r/min 时,正常减速机为 0.64 mm/s,故障减速机为 0.68 mm/s,故障减速机和正常减速机设备运行状况为第三类中的"良好",范围值为 0.45~0.71 mm/s。故障减速机和正常减速机的振动烈度值高出 0.04 mm/s。这也说明以下问题,正常减速机是全新机器,故振动烈度值偏小,故障减速机也是新机器,但是由于有人工植入的齿轮故障,所以振动烈度稍有增加,但是增加不明显。

　　这也说明在不同的转速下,振动烈度会随着转速的增加有所增加,但是是否呈线性增长,要根据速度与振动烈度的关系拟合曲线还有待实验求证。同时说明,在相同的转速下,减速机存在的故障对参数振动烈度的检测值有所影响,具体影响需要大量的数据证明。

第 5 章　量值溯源与不确定度

5.1　量值溯源

5.1.1　概述

　　量值溯源是指通过一条具有规定不确定度的不间断的比较链,使测量结果或测量标准的值能够与规定的参考标准(通常是国家计量基准或国际计量基准)联系起来的特性。

　　量值溯源是计量的重要特性。而计量是实现单位统一、量值准确可靠的活动。确定被测量的量值是测量的目的,最终是为了社会应用。因此,在不同时间、地点由不同的操作者用不同仪器所确定的同一个被测量的量值,应当具有可比性。只有当选择测量单位遵循统一的准则,并使所获得的量值具有必要的准确度和可靠性时,才能保证这种可比性。

　　在相当长的历史时期内,计量的对象主要是物理量,后来扩展到工程量、化学量、生理量,甚至心理量。随着科技、经济和社会的发展,计量的内容也在不断地扩展和充实,通常可概括为六个方面:计量单位与单位制;计量器具(或测量仪器),包括实现或复现计量单位的计量基准、标准与工作计量器具;量值传递与量值溯源,包括检定、校准、测试、检验与检测;物理常量,材料与物质特性的测定;不确定度、数据处理与测量理论及其方法;计量管理,包括计量保证与计量监督等。其中,计量器具是对量的定性分析和定量确认进行管理的最为常用的直接手段。

5.1.2　计量的特点

　　计量的特点取决于计量所从事的工作,即为实现单位统一、量值准确可靠而进行的科技、法制和管理活动,概括地说,可归纳为准确性、一致性、溯源性及法制性四个方面。

　　准确性是指测量结果与被测量真值的一致程度。由于实际上不存在完全准确无误的测量,因此在给出量值的同时,必须给出适应于应用目的或实际需要的不确定度或误差范围。否则,所进行的测量的质量(品质)就无从判断,量值也就不具备充分的实用价值。所谓量值的准确,即是在一定的不确定度、误差极限或允许误差范围内的准确。

　　一致性是指在统一计量单位的基础上,无论在何时、何地,采用何种方法,使用何种计量器具,以及由何人测量,只要符合有关的要求,其测量结果就应在给定的区间内一致。也就是说,测量结果应是可重复、可再现(复现)、可比较的。换言之,量值是确实可靠的,计量的核心实质是对测量结果及其有效性、可靠性的确认,否则计量就失去其社会意义。计量的一致性不仅限于国内,也适用于国际, 例如国际关键比对和辅助比对结果应在等效区间或协议区间内一致。

　　溯源性是指任何一个测量结果或计量标准的值,都能通过一条具有规定不确定度的连续比较链,与计量基准联系起来。这种特性使所有的同种量值,都可以按这条比较链通过校准向测量的源头追溯,也就是溯源到同一个计量基准(国家基准或国际基准),从而使准确性和一致性得到技术保证。否则,量值出于多源或多头,必然会在技术上和管理上造成混乱。

　　法制性来自于计量的社会性,因为量值的准确可靠不仅依赖于科学技术手段,还要有相应的法律、法规和行政管理。特别是对国计民生有明显影响,涉及公众利益和可持续发展或需要特殊信任的领域,必须由政府主导建立起法制保障。否则,量值的准确性、一致性及溯源性就不可能实现,计量的作用也难以发挥。

　　随着科技、经济和社会愈发展,对单位统一、量值准确可靠的要求愈高,检验检测从业人员掌握一定的计量知识并在工作中指导实践,对保证测量水平具有十分重要的作用。

5.1.3　相关概念

　　以下为量值溯源涉及的相关概念。

5.1.3.1　量

　　现象、物体或物质的特性,其大小可用一个数和一个参照对象表示。

　　注:

　　(1)量可指一般概念的量或特定量。一般概念的量如长度、时间、质量、温度、电阻等;特定量如某根棒的长度、某根导线的电阻等。

　　(2)参照对象可以是一个测量单位、测量程序、标准物质或其组合。

　　(3)量的符号见国家标准《量和单位》的现行有效版本,用斜体表示。一个给定符号可表示不同的量。

　　(4)"量"从概念上一般可分为物理量、化学量、生物量,或分为基本量和导出量。

5.1.3.2　量制

　　彼此间由非矛盾方程联系起来的一组量。

　　这里说的量是指一般的量,不是指"特定量"。这些量不是孤立的,而是通过一系列方程式(定义方程式或描述自然规律的方程式)联系在一起的量的体系或系统。物理学、化学等学科为了进行定量研究,在构建其理论体系的同时,也就形成了各自的量的体系。

5.1.3.3　国际量制

　　与联系各量的方程一起作为国际单位制基础的量制。

　　注:

　　(1)国际量制在 ISO/IEC 80000 系列标准《量和单位》中发布。

　　(2)国际单位制(SD)建立在国际量制(ISQ)的基础上。

5.1.3.4　测量单位、计量单位,简称单位

　　根据约定定义和采用的标量,任何其他同类量可与其比较使两个量之比用一个数表示。

　　注:

　　(1)测量单位具有根据约定赋予的名称和符号。

(2)同量纲量的测量单位可具有相同的名称和符号,即使这些量不是同类量。例如,焦耳每开尔文和 J/K 既是热容量的单位名称和符号,也是熵的单位名称和符号,而热容量和熵并非同类量。然而,在某些情况下,具有专门名称的测量单位仅限用于特定种类的量。如测量单位"秒的负一次方"(1/s)用于频率时称为赫兹;用于放射性核素的活度时称为贝克(Bq),表示放射性核素每秒衰变的个数。

(3)量纲为一的量的测量单位和值均是数。在某些情况下,这些单位有专门名称,如弧度、球面度和分贝;或表示为商,如毫摩尔每摩尔等于 10^{-3},微克每千克等于 10^{-9}。

(4)对于一个给定量,"单位"通常与量的名称连在一起,如"质量单位"或"质量的单位"。

5.1.3.5 测量单位符号、计量单位符号

表示测量单位的约定符号。

例:m 是米的符号;A 是安培的符号。

5.1.3.6 单位制,又称计量单位制

对于给定量制的一组基本单位、导出单位、其倍数单位和分数单位及使用这些单位的规则。

例:国际单位制;CGS 单位制。

5.1.3.7 量值

量值,全称为量的值。用数和参照对象一起表示的量的大小。

例:

(1)给定杆的长度:6.54 m 或 654 cm。

(2)给定物体的质量:0.132 kg 或 132 g。

(4)铁材样品中锰的质量分数:3 μg/kg 或 $3×10^{-9}$。

(5)给定样品的洛氏 C 标尺硬度(150 kg 负荷下):42.1 HRC(150 kg)。

5.1.3.8 真值

真值,量的真值的简称,与量的定义一致的值。

真值是一个理想化的概念。从量子效应和测不准原理来看,真值按其本性是不能被最终确定的。另外,自然界任何物体都处在永恒的运动中,一个量在一定时间和空间都会发生变化,从而具有不同的真值。真值是指在瞬间条件下的值,实际上真值常常不知道。但这并不排除对特定量的真值可以不断地逼近。特别是对于给定的实用目的,所需要的量值总是允许有一定的误差范围或不确定度的。因此,总是有可能通过不断改进特定量的定义、测量方法和测量条件等,使获得的量值足够地逼近真值,满足实际使用该量值时的需要。

5.1.3.9 测量

通过试验获得并可合理赋予某量一个或多个量值的过程。

注:

测量不适用于标称特性。

测量意味着量的比较并包括实体的计数。

测量的先决条件是对测量结果预期用途相适应的量的描述,测量程序及根据规定测

量程序(包括测量条件)进行操作的经校准的测量系统。

5.1.3.10　量值溯源

量值溯源是指任何一个测量结果或计量标准的值,都能通过一条具有规定不确定度的连续比较链,与计量基准联系起来。这种特性使所有的同种量值,都可以按这条比较链通过校准向测量的源头追溯,也就是溯源到同一个计量基准(国家基准或国际基准),从而使量值的准确性和一致性得到技术保证。否则,量值出于多源或多头,必然会在技术上和管理上造成混乱。量值溯源的一致性是国际间相互承认测量结果的前提条件,中国合格评定国家认可委员会(英文缩写:CNAS)将量值溯源视为测量结果可信性的基础,CNAS 对量值溯源的要求与国际规范的相关要求一致。

5.1.3.11　量值传递

通过对测量仪器的校准或检定,将国家测量标准所实现的单位量值通过各等级的测量标准传递到工作测量仪器的活动,以保证测量所得的量值准确一致。所谓"量值溯源",是指自下而上通过不间断的校准而构成溯源体系;而"量值传递",则是自上而下通过逐级检定而构成检定系统。

5.1.4　量值溯源的要求

5.1.4.1　总则

实验室应通过形成文件的不间断的校准链,将测量结果与适当的参考对象相关联,建立并保持测量结果的计量溯源性,每次校准均会引入测量不确定度。

计量溯源性是确保测量结果在国内和国际上具有可比性的重要概念。

注:在 ISO/IEC 指南 99《国际通用计量学基本术语》中,计量溯源性定义为"通过文件规定的不间断的校准链,测量结果与参照对象联系起来的特性,校准链中的每项校准均会引入测量不确定度"。

5.1.4.2　建立计量溯源性

建立计量溯源性需考虑并确保以下内容:

规定被测量(被测量的量);

一个形成文件的不间断的校准链,可以溯源到声明的适当参考对象(适当参考对象包括国家标准或国际标准及自然基准);

按照约定的方法评定溯源链中每次校准的测量不确定度;

溯源链中每次校准均按照适当的方法进行,并有测量结果及相关的已记录的测量不确定度;

在溯源链中实施一次或多次校准的实验室应提供其技术能力的证据。

当使用被校准的设备将计量溯源性传递至实验室的测量结果时,需考虑该设备的系统测量误差(有时称为偏倚)。有几种方法来考虑测量计量溯源性传递中的系统测量误差。

具备能力的实验室报告测量标准的信息中,如果只有与规范的符合性声明(省略了测量结果和相关不确定度),该测量标准有时也可用于传递计量溯源性,其规范限是不确定度的来源,但此方法取决于:

使用适当的判定规则确定符合性；

在后续的不确定度评估中，以技术上适当的方式来处理规范限。

此方法的技术基础在于与规范符合性声明确定了测量值的范围，并预计真值以规定的置信度处于该范围内，该范围考虑了真值的偏倚及测量不确定度。

示例：使用国际法制计量组织（OIML）R111 各种等级砝码校准天平。

5.1.4.3　证明计量溯源性

实验室负责按《检测和校准实验室能力的通用要求》（GB/T 27025—2019）建立计量溯源性。符合《检测和校准实验室能力的通用要求》（GB/T 27025—2019）标准的实验室提供的校准结果具有计量溯源性。符合 ISO 17034 的标准物质生产者所提供的有证标准物质的标准值具有计量溯源性。有不同的方式来证明与本标准的符合性，即第三方承认（如认可机构）客户进行的外部评审或自我评审。国际上承认的途径包括但不限于：

已通过适当同行评审的国家计量院及其指定机构提供的校准和测量能力。该同行评审是在国际计量委员会相互承认协议（CIPM MRA）下实施的。CIPM MRA 所覆盖的服务可以在国际计量局的关键比对数据库（BIPM KCDB）附录 C 中查询，其给出了每项服务的范围和测量不确定度。

签署国际实验室认可合作组织（ILAC）协议或 ILAC 承认的区域协议的认可机构认可的校准和测量能力能够证明具有计量溯源性。获认可的实验室的能力范围可从相关认可机构公开获得。

当需要证明计量溯源链在国际上被承认的情况时，BIPM、OIML（国际法制计量组织）、ILAC 和 ISO 关于计量溯源性的联合声明提供了专门指南。

5.1.5　仪器设备管理

仪器设备是开展检测工作的重要工具，检测数据的准确性和有效性会直接影响到所出具的检测报告的正确性和法律效力，因而对仪器设备进行有效管理，是保障量值溯源准确性的基本条件之一。

5.1.5.1　定期维护

实验室应根据不同仪器使用条件制订合理的维护保养计划，合理的维护保养计划能够提升实验室检测设备的准确性、功能性，降低故障率，提高使用率和延长设备使用周期。

起重机检测常用的检测仪器有直尺、游标卡尺、水准仪、经纬仪、全站仪、激光测距仪、激光跟踪仪、超声波测厚仪、漆膜测厚仪、框式水平仪、绝缘电阻测量仪、手持式特斯拉计、接地电阻测量仪、无损探伤设备、应力应变测试设备等。设备管理人员应熟悉以上仪器的工作原理，了解每种类型仪器设备各部件的功能性和工作方式，以此来对仪器功能部件制定维护保养内容，一般常见的维护保养内容有以下几种：

（1）检查外观及各功能部件运行情况；

（2）清洁、清洗；

（3）更换耗材或配件；

（4）校准。

设备维护保养针对的是实验室内部所有在编仪器设备。首先要根据仪器设备的工作原理及使用频率来决定周期的频次,其次根据该设备所处环境恶劣与否适当地放宽或者缩短维护保养周期,再次就是要与设备期间核查相互配合,一般来讲,每次设备进行期间核查之前都应该安排一次设备维护保养,保证期间核查的时候设备处于最佳状态。

一般设备的常规维护保养一年控制在 1～2 次即可,特殊情况或者特殊设备应根据具体实际情况进行机动性的维护及保养:

(1)在不可避免的恶劣环境下工作的设备,应根据实际情况,在不影响测试的情况下适当增加维护保养次数;

(2)使用频率高的设备应适当增加维护保养次数,如全站仪、激光测距仪等设备;

(3)耗材周期性更换的设备应根据具体更换周期灵活把握周期;

(4)设备期间核查之前建议安排一次维护保养。

5.1.5.2　期间核查

仪器设备一方面要保证精度,一方面要保证连续稳定的运行,但因仪器设备固有的机械、光学、电性和电子等特性,容易出现部件损坏、数据漂移等现象,此时可通过期间核查来对仪器的准确性和可靠性进行判定。

《检测和校准实验室能力认可准则》(CNAS-CL01:2018)第 6.4.10 条:"当需要利用期间核查以保持对设备性能的信心时,应按照程序进行核查。"检测或校准实验室根据规定的程序和日程,为维持设备控制状态的可信度及保持参考标准、基准、传递标准或工作标准及标准物质校准状态的置信度,在两次校准或检定期间进行的自我检查。

1. 期间核查的目的

及时预防和发现仪器设备与参考标准之间量值的差异及减少追溯失准的时间,确保仪器设备在两次校准期内状态的可信度,确保仪器设备的有效、稳定及测量结果的准确。

一般在下列情况时进行期间核查:

(1)易漂移、易老化、性能不够稳定或使用频繁的仪器设备;

(2)使用或储存环境条件发生变化,如:温度、湿度变化等导致精度变化的仪器,在恶劣环境下或环境巨变后使用的仪器,应对其进行期间核查;

(3)使用过程中有可疑现象出现或对数据存在质疑的;

(4)维修、借出返回或转移等情况;

(5)新购置并初次使用、不能把握其性能或接近寿命期限即将报废停用的;

(6)有较高准确度要求的关键检测设备;

(7)经常到现场检定、校准或者检测的仪器设备。

2. 期间核查的频次

应依据机构具体情况综合考虑期间核查的频次,主要参考以下几个方面:

(1)两次检定或校准周期的中期应安排期间核查。若仪器设备稳定性较好,安排一至两次期间核查即可;若使用频繁、稳定性较差或仪器设备已接近寿命期限,应增加核查的次数,特殊的设备或标准可安排多次核查;

(2)期间核查仪器设备及标准的数量、过程的难易、费时程度;

(3)开展重点项目检测前或对检测结果有异议时也可临时进行核查;

(4)质量活动追溯的成本和可能出现问题的大小;

(5)当设备投入运行或设备脱离实验室直接控制(如借出后返回)后,也应及时核查;

(6)仪器设备或标准对测量不确定度要求的严格程度。

3. 期间核查程序

1)制订期间核查计划

每年初应制订期间核查计划,以确保核查工作有序且规范的进行,计划内容包括要核查仪器设备的名称、型号、编号、核查时间和核查频次。

2)编写期间核查方法

期间核查前,须编写相应的仪器设备期间核查方法,目的是确保每次核查按同样的方法规范进行,不会因人员变动的变化影响结果的稳定性。期间核查方法一般包括核查目的、核查对象、核查环境、核查方法、核查标准、核查参数、核查的操作过程及要求、核查的记录内容与格式、核查的判定原则、核查结果的报告等。

3)期间核查记录

在期间核查过程中应填写期间核查记录,内容包括核查计划、核查时间、核查标准、核查方法、核查原始数据、核查结果的评价及核查人、校准人和批准人等。若需要,还应包括环境条件(如温度、湿度、大气压力)或仪器参数等。

4. 期间核查的方法

根据仪器设备的特点,从经济实用性、可靠性和可行性等方面综合考虑,结合相关标准要求,适当选择期间核查方法。

1)标准物质验证

标准物质具有一种或多种足够均匀和稳定的特性值,用以校准仪器、评价测量方法的材料或物质,是分析测量行业中的"量具",应注意在使用标准物质核查时用的标准物质的量值有效且能够溯源。如对噪声分析仪使用声级校准器进行核查,对电导率仪、酸度计可采用定值溶液进行核查等。

2)用稳定样品核查

若单位不具备标准物质,可选择物理或化学参数在一定时间内稳定的某一样品,且该参数能够核查仪器设备重复测得,用此样品来作为核查标准。

3)同类仪器设备间的比对

若单位有两台以上相同或类似的仪器,测量参数和量程等技术指标类似,可进行仪器间比对;若没有此类仪器,也可与外单位具有相同或类似指标的仪器进行比对。

4)不同检测方法的比对

实验室可用不同的检测方法处理同一样品,以完成仪器设备的期间核查。

5)仪器附带校准设备核查

某些仪器自带校准设备,如有的天平带有标准砝码,有的仪器带有自动校准系统,电子天平自带校准系统,可用此进行期间核查。

6)实验室间比对或参与能力验证

若条件不允许,不能采用以上核查方法时,可用实验室比对法进行期间核查。选定市、省、国家级实验室,用同类设备仪器对同一样品进行测量比对,确定某项目的检测能力,进而追溯到仪器设备的运行质量。

　　7)期间核查结果的处理

　　若期间核查的结果符合要求,说明仪器设备保持准确性和可靠性的工作状态。若发现期间核查结果超出了标准要求范围,可做如下处理:

　　(1)若仪器设备有故障,应在修理后重新检定或校准,合格后重新启动期间核查程序;

　　(2)检查环境条件(温度、湿度)、电气条件(电压、电流等)等外界因素是否发生变化;

　　(3)按照期间核查方法重新操作,以检验是否人为操作失误或为偶然事件;

　　(4)若核查标准改变,应更换其初始值,再启动核查程序;

　　(5)若检定或校准结果说明设备正常,检查核查标准是否有变化。

5.1.5.3　检定与校准

1.检定

　　由法定计量部门或法定授权组织按照检定规程,通过试验,提供证明,来确定测量器具的示值误差满足规定要求的活动。

2.校准

　　在规定条件下,为确定计量仪器或测量系统的示值或实物量具或标准物质所代表的值与相对应的被测量的已知值之间关系的一组操作。校准结果可用以评定计量仪器、测量系统或实物量具的示值误差,或给任何标尺上的标记赋值。

　　校准在中国计量技术规范《通用计量术语及定义》(JJF 1001—2011)中的定义是"一组操作,其第一步是在规定条件下确定由测量标准提供的量值与相应示值之间的关系,第二步则是用此信息确定从示值与所获得测量结果的关系。这里测量标准提供的量值与相应示值都具有测量不确定度"。

3.检定与校准的要求

　　(1)环境条件:检定与校准如在实验室进行,则环境条件应满足检定规程或校准规范中要求的温度、湿度等规定。如在现场进行,则环境条件以能满足仪表现场使用的条件为准。

　　(2)仪器:检定与校准用的标准仪器其误差限应是被校表误差限的 $1/3 \sim 1/10$,或者满足检定规程或校准规范的要求。

　　(3)人员:进行检定或校准的人员应经有效的考核,并取得相应的合格证书,只有持证人员方可出具检定证书和校准报告,也只有这种证书和报告才认为是有效的。

4.检定与校准的区别

　　检定和校准是量值溯源的最主要的两个手段,但是它们存在很大的区别。

　　1)目的不同

　　检定的目的则是对测量装置进行强制性全面评定。这种全面评定属于量值统一的范畴,是自上而下的量值传递过程。检定应评定计量器具是否符合规定要求。这种规定要求就是测量装置检定规程规定的误差范围。通过检定,评定测量装置的误差范围是否在规定的误差范围之内。

　　校准是对照计量标准,评定测量装置的示值误差,确保量值准确,属于自下而上量值溯源的一组操作。这种示值误差的评定应根据组织的校准规程做出相应规定,按校准周期进行,并做好校准记录及校准标识。

校准除评定测量装置的示值误差和确定有关计量特性外,校准结果也可以表示为修正值或校准因子,具体指导测量过程的操作。

2)对象不同

检定的对象是我国计量法明确规定的强制检定的测量装置。

《中华人民共和国计量法》第九条明确规定:"县级以上人民政府计量行政部门对社会公用计量标准器具,部门和企业、事业单位使用的最高计量标准器具,以及用于贸易结算、安全防护、医疗卫生、环境监测方面的列入强检目录的工作计量器具,实行强制检定。未按规定申请检定或者检定不合格的,不得使用。"

校准的对象是属于强制性检定之外的测量装置。我国非强制性检定的测量装置,主要指在生产和服务提供过程中大量使用的计量器具,包括进货检验、过程检验和最终产品检验所使用的计量器具等。

3)性质不同

检定属于强制性的执法行为,属法制计量管理的范畴。其中的检定规程协定周期等全部按法定要求进行。

校准不具有强制性,属于组织自愿的溯源行为。这是一种技术活动,可根据组织的实际需要,评定计量器具的示值误差,为计量器具或标准物质定值的过程。组织可以根据实际需要规定校准规范或校准方法。自行规定校准周期、校准标识和记录等。

4)依据不同

检定的主要依据是《计量检定规程》,这是计量设备检定必须遵守的法定技术文件。其中,通常对计量检测设备的检定周期、计量特性、检定项目、检定条件、检定方法及检定结果等做出规定。计量检定规程可以分为国家计量检定规程、部门计量检定规程和地方计量检定规程三种。这些规程属于计量法规性文件,组织无权制定,必须由经批准的授权计量部门制定。

校准的主要依据是组织根据实际需要自行制定的校准规范,或参照检定规程的要求。在校准规范中,组织自行规定校准程序、方法、校准周期、校准记录及标识等方面的要求。因此,校准规范属于组织实施校准的指导性文件。

5)方式不同

检定必须到有资格的计量部门或法定授权的单位进行。根据我国现状,多数生产和服务组织都不具备检定资格,只有少数大型组织或专业计量检定部门才具备这种资格。

校准可以采用组织内部校准、外校,或内校加外校相结合的方式进行。组织在具备条件的情况下,可以采用内校方式对计量器具进行校准,从而节省较大费用。

组织进行内部校准应注意必要的条件,而不是对计量器具的管理放松要求。例如,必须编制校准规范或程序,规定校准周期,具备必要的校准环境和具备一定素质的计量人员,至少具备高出一个等级的标准计量器具,从而使校准的误差尽可能缩小。

6)周期不同

检定的周期必须按检定规程的规定进行,组织不能自行确定。检定周期属于强制性约束的内容。

校准周期可以由组织根据使用计量器具的需要自行确定。可以进行定期校准,也可以不定期校准,或在使用前校准。校准周期的确定原则应是在尽可能减少测量设备在使用中的风险的同时,维持最小的校准费用。可以根据计量器具使用的频次或风险程度确定校准的周期。

7) 内容不同

检定的内容则是对测量装置的全面评定,要求更全面,除包括校准的全部内容外,还需要检定有关项目。

校准的内容和项目,只是评定测量装置的示值误差,以确保量值准确。

例如,某种计量器具的检定内容应包括计量器具的技术条件、检定条件、检定项目和检定方法、检定周期及检定结果的处置等内容。校准的内容可由组织根据需要自行确定。

8) 结论不同

检定必须依据检定规程规定的量值误差范围,给出测量装置合格与不合格的判定。超出检定规程规定的量值误差范围为不合格,在规定的量值误差范围之内则为合格。检定的结果是给出检定合格证书。

校准的结论只是评定测量装置的量值误差,确保量值准确,不要求给出合格或不合格的判定。校准的结果可以给出校准证书或校准报告。

9) 法律效力不同

检定的结论具有法律效力,可作为计量器具或测量装置检定的法定依据,检定合格证书属于具有法律效力的技术文件。

校准的结论不具备法律效力,给出的校准证书只是标明量值误差,属于一种技术文件。

5.2　不确定度

在对起重机械各参数量进行测量时,由于人员、仪器、方法、环境等的多种因素的影响,往往使得测量值与真实值之间存在差异,这个差异就是我们所熟知的测量误差。即使在进行高准确度的测量时,也会存在不同仪器同一被测对象的测量结果不完全相同,同一测量仪器同一被测量对象在同样环境不同次测量的结果也不完全相同,如何客观合理地对测量结果进行评价,给出被测量结果的可信程度或可信范围,一直是测量科学与计量实践的重要组成部分。当我们完成测量,得到了一批测量数值,我们首先想要知道的就是这些数据到底准不准,此时不确定度的概念便不得不被提及。

5.2.1　不确定度的起源发展

不确定度起源于德国物理学家 Werner Hesisenberg 在 1927 年研究量子力学时所提出的不确定度关系。1963 年,美国国家标准局(NBS)的数理统计专家埃森哈特(Eisenhart)在研究"仪器校准系统的精密度和准确度的估计"时提出了定量表示不确定度的概念和建议,受到了国际上的普遍关注,人们逐渐开始使用不确定度的概念评定测量结果的质量水平。20 世纪 70 年代,NBS 在研究和推广测量保证方案(MAP)时在不确定度的定量表示方面有了进一步的发展。"不确定度"这个术语逐渐在测量领域广泛使用,用它来定量表示测得的量值的不可确定的程度,但在具体表示方法方面很不统一,并且不确定度与误差同时并用。

1977 年 5 月,国际电离辐射咨询委员会(CCEMRI)的 X-y 射线和电子组讨论了关于校准证书如何表达不确定度的几种不同建议,但未做出决议。1977 年 7 月的 CCEMRI 会议上提出了这个问题的迫切性,CCEMRI 主席、美国 NBS 局长 Amber 同意将此问题列入送交国际计量局的报告,并且由他作为国际计量委员会(CIPM)的成员向 CIPM 发起了解决测量不确定度表示方面的国际统一问题的提案。

1977 年,CIPM 要求国际计量局(BIPM)联合各国家标准实验室着手解决这个问题。1978 年,BIPM 就此问题制定了一份调查表,分发到 32 个国家的计量院及 5 个国际组织征求意见,1979 年底得到了 21 个国家实验室的复函。

1980 年,BIPM 召集和成立了不确定度表述工作组,在征求各国意见的基础上起草了一份建议书——INC-1(1980)。该建议书向各国推荐了测量不确定度的表述原则,自此,得到了国际初步统一的测量不确定度的表示方法。

1981 年,第 70 届国际计量委员会批准了上述建议,并发布了一份 CIPM 建议书——CI-1981。1986 年,CIPM 再次重申采用上述测量不确定度表示的统一方法,并又发布了一份 CIPM 建议书——CI-1986。

CIPM 建议书推荐的方法是以 INC-1(1980)为基础的。CIPM 要求所有参加 CIPM 及其咨询委员会赞助下的国际比对及其他工作中,各参加者在给出测得的量值的同时必须给出合成不确定度。

20 世纪 80 年代以后,CIPM 建议的不确定度表示方法首先在世界各国的计量实验室中得到广泛应用。1986 年,六个国际组织:国际标准化组织(ISO)、国际电工委员会(IEC)、国际法制计量组织(OIML)、国际理论与应用物理联合会(IUPAP)、国际理论与应用化学联合会(IUPAC)与国际临床化学联合会(IFCC)组成国际不确定度工作组,并在 1993 年联合发布了《测量不确定度表示指南》(Guide to the Expression of Uncertainty in Measurement,简称 GUM),目前经过数次更新、补充,相关的标准方法已经被广泛应用于与不确定度有关的各个重要领域。

5.2.2　不确定度适用范围和意义

不确定度是经典误差理论发展的产物,它是利用可获得的信息,对测得值的分散程度表征,其含义可以视为被测量值的不可确定的程度,反过来说,也表明测量结果的可信程度。不确定度是一个非负参数,其值越小,所述结果与被测量的真值越接近,质量越高,其使用价值越高;其值越大,测量结果的质量越低,其使用价值也越低。历史上曾经长期使用测量误差来标识测量结果的质量,但测量误差与测量不确定度是两个不同的概念,测量误差只能表示测量结果的量值与真值或参考值的偏差,不能从统计学上来表示测量结果的可信程度。现在国际上约定的做法是采用测量不确定度来表示测量质量,在报告测量的结果时,给出相应的不确定度,一方面便于使用它的人评定其可靠性,另一方面也增强了测量结果之间的可比性。

　　不确定度的应用在各行各业的测量工作中都有着重要意义,现在已经广泛应用在国家计量基准及各级计量标准的建立、量值比对结果的评价、科学技术研究及工程领域的测量、贸易结算、医疗卫生、安全防护、环境监测及资源测量等众多领域。我们经常会遇到的,比如在医学领域中,医疗设备或仪器的不确定度如果不可靠,就会使人体承受过大或过小的药量或放射剂量,过大可能造成死亡,过小则不能达到治疗目的。在机械制造领域,需要对零部件尺寸进行测量,其测量结果的准确使用,能够使技术人员及时发现并消除加工过程中影响产品质量的不利因素,保障各零部件的顺利装配。食品行业中,需要对食品中各种成分的含量进行检测,对检测结果的不确定度评定为食品质量评定提供科学依据。在环境监测领域,对代表环境质量现状及相关环境变化趋势的数据进行监测和处理,通过这些数据来判断环境的总体质量,不确定度是其测量结果准确性的重要指标,影响着政府管理和决策。对测量的不确定度进行应用和研究能够实现以较低的成本提高质量控制水平、降低误判风险、节约成本、提高效率,可使不同机构间的测量工作能够更容易地相互比较,带来显著的经济效益和社会效益(见图 5-1)。

图 5-1　测量不确定度适用领域

5.2.3　标准体系的建立

　　GUM 法作为不确定度评定最常用和最基本的方法,它的实施对于现代测量科学和计量实践的发展有着重要意义,不仅规范了测量领域各个名词术语的定义及概念,而且统一规定了测量不确定度的评定方法、不确定度报告的表示形式等内容,代表了国际上在测量结果及不确定度方面的约定做法。这就使得无论是哪个国家的机构,也不管是什么学科领域,在表示测量结果及其不确定度时都应具有相同含义,出现歧义时也有了评判的依据,相关标准的制修订为全世界采用统一的测量不确定度评定和表示方法奠定了基础。

2007 年发布了 ISO/IEC Guide 99:2007《国际计量学基本词汇基本和通用概念和术语》(VIM),2008 年发布了 ISO/IEC Guide 98-3:2008《测量不确定度表示指南》(GUM)。ISO/IEC Guide 98 的总名称是《测量不确定度》,包括以下各部分。

标准已发布的部分:

——ISO/IEC Guide 98-1:2008《对测量不确定度表示的介绍》;

——ISO/IEC Guide 98-3:2008《测量不确定度表示指南》(GUM),其内容与 GUM:1995 基本相同,仅做了少量修改;

ISO/IEC Cuide 98-3/Suppl. 1:2008《用蒙特卡洛法传播分布》,它是 Guide 98-3 的一个补充件。

标准在计划中待制订的部分:

——第 2 部分:概念和基本原理;

——第 4 部分:测量不确定度在合格评定中的作用;

——第 5 部分:最小二乘法的应用。

ISO/IEC Guide 98-3 计划中待制订的补充件:

——补充件 2:具有任意多个输出量的模型;

——补充件 3:模型化。

GUM 旨在建立一个适用于广泛测量领域的不确定度评定与表示的通用规则,其核心意义是给出了标准不确定度的定义及标准不确定度合成的数学原理,围绕着可操作性构建了测量不确定度的评定架构和流程。在保证科学上的逻辑性和实践中的可操作性的前提下,若理论与实践存在矛盾,GUM 只能求同存异地采取模糊、粗糙的方法来处理,对于复杂随机过程不确定度的分析和量化,始终是国内外学者研究的难点问题。近年来,随着科技的飞跃发展,光电技术、微处理技术、自动化技术、图像显示技术、数字化技术等技术得到广泛应用,计算机辅助测量、智能化技术等也日渐发展,促使各种现代不确定度评定方法不断涌现,包括灰色理论评定方法、模糊评定方法、蒙特卡洛评定方法、贝叶斯评定方法等。虽然 GUM 存在问题与不足,但其所建立的理论体系已逐渐被学术界广泛接受,为促进现代精度理论的发展做出了重要贡献,因此 GUM 及其思想某种意义上可以被称为"经典不确定度理论"。

5.2.4　术语概念

在学习测量不确定度时,必须首先学习概率论、统计学和计量学方面的相关术语及其基本概念,并了解这些术语及其定义的新变化,由此加深我们对测量不确定度的理解,根据相关标准这里列出了一些常用的重要概念。

5.2.4.1　测量结果(measurement result)

与其他有用的相关信息一起赋予被测量的一组量值。

测量结果由赋予被测量的值及有关其可信程度的信息组成。对于某些用途而言,如果认为测量不确定度可以忽略不计,则测量结果可以仅用被测量的估计值表示,也就是此时测量结果可用一个测得的量值单独表示。在许多领域中这是表示测量结果的常用方式。若用多次测量的平均值作为测量结果的值,可以减小由随机影响引入的测量不确定度。对于间接测量,被测量的估计值是由各直接测量的输入量的量值经计算获得的,其中各直接测量的量值的不确定度都会对被测量的估计值的不确定度有贡献。

5.2.4.2　测量误差(measurement error)

测得的量值减去参考量值,简称误差。

根据这个定义,测量误差的概念在以下两种情况下均可使用:①如果参考量值是唯一的真值或范围可忽略的一组真值表征,由于真值是未知的,测量误差也就是未知的,此时测量误差是一个概念性的术语。②当参考量值是约定量值或计量标准所复现的量值时,由测得值与参考量值之差可以得到测量误差。此时参考量值是存在不确定度的,实际上获得的是测量误差的估计值。

从概念上说理想的测量误差是测得值偏离真值的程度,而实际上,测量误差的估计值是测得值偏离参考量值的程度。通常情况下测量误差是指绝对误差,但需要时可用相对误差表示。给出测量误差时必须注明误差值的符号,当测量值大于参考值时为正号,反之为负号。

测量误差包括系统误差和随机误差两类不同性质的误差。系统误差是在重复测量中保持恒定不变或按可预见的方式变化的测量误差的分量。它是在重复性条件下,对同一被测量进行无穷多次测量所得结果的平均值与参考量值之差。随机误差是在重复测量中按不可预见的方式变化的测量误差的分量。它是测得值与在重复性条件下对同一被测量进行无穷多次测量所得结果的平均值之差(见图 5-2)。

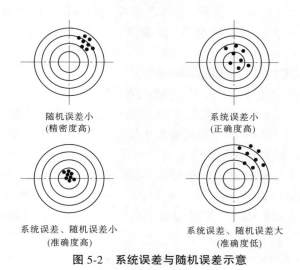

随机误差小
(精密度高)

系统误差小
(正确度高)

系统误差、随机误差小
(准确度高)

系统误差、随机误差大
(准确度低)

图 5-2　系统误差与随机误差示意

5.2.4.3　测量不确定度(uncertainty of measurement)

利用可获得的信息,表征赋予被测量量值分散性的非负参数,简称不确定度。

　　测量不确定度包括由系统效应引起的分量,如与修正量和测量标准所赋量值有关的分量及定义的不确定度。有时对估计的系统效应未做修正,而是当做不确定度分量处理。此参数可以是诸如称为标准测量不确定度的标准差(或其特定倍数),或是说明了包含概率的区间半宽度。测量不确定度一般由若干分量组成。其中一些分量可根据一系列测量值的统计分布,按测量不确定度的 A 类评定进行评定,并可用标准差表征。而另一些分量则可根据经验或其他信息所获得的概率密度函数,按测量不确定度的 B 类评定进行评定,也用标准差表征。通常,对于一组给定的信息,测量不确定度是相应于所赋予被测量的值的,该值的改变将导致相应的不确定度的改变。

5.2.4.4　标准不确定度(standard uncertainty)

　　以标准差表示的测量不确定度称为标准不确定度,全称为标准测量不确定度。

　　标准不确定度用符号 u 表示。是指由标准偏差的估计值表示的测量不确定度,表征测得值的分散性。被测量估计值的不确定度往往由许多来源引起,对每个输入量评定的标准不确定度,对标准不确定度有两类评定方法:A 类评定和 B 类评定。

　　标准不确定度的 A 类评定:是指对在规定测量条件下测得的量值用统计分析的方法进行的测量不确定度分量的评定。

　　标准不确定度的 B 类评定:是指用不同于测量不确定度 A 类评定的方法对测量不确定度分量进行的评定。B 类评定主要基于的有关信息包括权威机构发布的量值、有证参考物质的量值、校准证书、仪器的漂移、经检定的测量仪器的准确度等级、根据人员经验推断的极限值等。

5.2.4.5　合成标准不确定度(combined standard uncertainty)

　　由在一个测量模型中各输入量的标准测量不确定度获得的输出量的标准测量不确定度。

　　合成标准不确定度用符号 u_c 表示。如果测量模型中的输入量相关,当计算合成标准不确定度时应考虑协方差,合成标准不确定度是这些输入量的方差与协方差的适当和的正平方根值。

5.2.4.6　扩展不确定度(expended uncertainty)

　　合成标准测量不确定度与一个大于 1 的数字因子的乘积。

　　扩展不确定度用符号 U 表示。扩展不确定度是由合成标准不确定度扩展了 k 倍得到的,即 $U=ku_c$。因子 k 的值取决于测量模型中输出量的概率分布类型及所选取的包含概率,也指包含因子,扩展不确定度的含义可以被理解为被测量值的包含区间的半宽度,即可以期望该区间包含了被测量值分布的大部分。扩展不确定度的示意图如图 5-3 所示,y 是被测量的最佳估计值,U 是扩展不确定度,$[y-U,y+U]$ 为被测量值的包含区间,扩展不确定度就是该区间的半宽度。扩展测量不确定度在 INC-1(1980)建议书的第 5 段中被称为“总不确定度”。

5.2.4.7　实验标准偏差(experimental standard deviation)

　　对同一被测量作 n 次测量,表征测量结果分散性的量 s 可按下式算出:

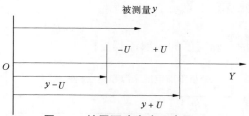

图 5-3　扩展不确定度示意图

$$s = \sqrt{\frac{\sum\limits_{i=1}^{n}(x_i - \overline{x})^2}{n-1}} \tag{5-1}$$

式中　x_i——第 i 次测量的结果；

　　$\overline{x}$——所考虑的 n 次测量结果的算术平均值。

当将 n 个值视作分布的取样时，$\overline{x}$ 为该分布的期望的无偏差估计，s^2 为该分布的方差 σ^2 的无偏差估计。$\dfrac{s}{\sqrt{n}}$ 为 $\overline{x}$ 分布的标准偏差的估计，称为平均值的实验标准偏差。将平均值的实验标准偏差称为平均值标准误差是不准确的。

通过有限次独立重复测量来计算实验标准偏差的方法也称为贝塞尔公式法，是目前应用最为广泛的一种基本方法。此外，对实验标准偏差进行估计时还可以采用极差法、较差法等。

5.2.4.8　自由度(degrees of freedom)

自由度的定义：在方差的计算中，总和的项数减去总和中受约束的项数。

在重复性条件下，通过 n 次独立测量确定一个被测量的估计值时，为了估计被测量，其实只需测量一次，但为了提高测量的可信度而多测了 $n-1$ 次，多测的次数可以酌情规定，所以称为自由度。自由度反映了实验标准偏差的可靠程度，在给出标准偏差的估计值时，最好同时给出其自由度，自由度越大，表明估计值的可信度越高。

5.2.5　GUM 法评定

GUM 是各国计量机构和专家在成熟的误差理论与统计学基础上，总结了可用于测量不确定度表示的观点和方法，在一定程度上反映了当前国际最新的研究成果和动向，作为不确定度评定最常用和最基本的方法，掌握 GUM 法评定测量不确定度是进行不确定度研究学习的必经之路。

GUM 法评定的基本步骤如下：

(1)明确被测量的定义；

(2)明确测量原理、测量方法、测量条件及所用的测量标准、测量仪器或测量系统；

(3)建立被测量的测量模型，分析并列出对测量结果有明显影响的不确定度来源；

(4)定量评定各输入量的标准不确定度；

(5)计算合成标准不确定度；

（6）确定扩展不确定度；

（7）报告测量结果。

用 GUM 法评定测量不确定度的一般流程见图 5-4。

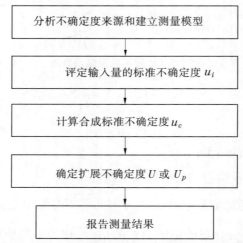

图 5-4　用 GUM 法评定测量不确定度的一般流程

5.2.5.1　不确定度来源分析与模型建立

1. 不确定度来源分析

在进行不确定度评定时，除对相关定义充分理解外，还应对测量工作中的原理、方法、仪器、条件等有充分的认识。根据各个被测量的具体情况来进行不确定度来源的分析，应尽可能充分考虑各来源的影响，对主要贡献的来源做到尽可能的不遗漏、不重复。

在实践中，测量结果不确定度来源有很多，具体分为以下几类。

1）按不确定度的来源途径分类

批量物质物理特性的不确定度来源应包括至少以下三个部分。

（1）批量样品的代表性导致的取样不确定度分量。

因为大部分天然物质的属性是非均匀的或称具有分散性。有些特性的测量是破坏性的，不可能将全批货物用于测量实验。批样的取样程序往往在风险和效益之间寻求一个平衡点，根据允差范围由统计方法给出抽样数量。样品的代表性将导致测量结果的不确定度。

（2）样品的均匀性导致的制样不确定度分量。试样样品是从批样中获得的，与批量样品的代表性导致测量结果不确定度的原理相同，试验样品的均匀性将导致测量结果不确定度。

（3）测量导致的测量结果的不确定度分量。包括被测量定义不完整和测量、测量程序不理想两部分导致测量、测量结果不确定度。

被测量定义不完整将导致方法偏差，可通过标准物质的测量进行评定。

测量程序可能的不确定度来源包括：

①制备试样（部分程序不包括制样）；

②标准物质（有证标准物质的溯源性、标准用标准物质与样品的匹配性，基准试剂的

不确定度等）；

　　③试剂的纯度；

　　④测量、测量设备（仪器的示值重复性、示值最大允许误差（MPE）、引用校准误差等）；

　　⑤环境（电磁、震动、光强、温湿度等）；

　　⑥测量（分析）数据的采集（人员读数、操作重复性，自动分析仪进位、模量转换偏差、其他干扰等）；

　　⑦引用数据和其他参数的不确定度；

　　⑧数据的处理（测量过程数据修约，异常值判定、处理，正常值统计，模型拟合等）；

　　⑨测量结果按方法标准规定的精度进行修约导致的最终报告结果的不确定度。

　　应该注意无论是单个实验室的测量还是有组织的能力验证，测量或测试是从实验室样品开始的。一般"测量不确定度"是指测量或测试程序导致的结果不确定度，该量并不能代表批量物质物理特性的不确定度。

　　2）按不确定度输入量与输出量的因果关系分类

　　导致系统效应不确定度的分量：

　　①被测量定义不完整；

　　②复现被测量的测量或测试方法不理想；

　　③标准物质的溯源，标准物质和参考标准物质必须溯源至国际单位或约定真值的完整结果；

　　④仪器校准值偏差，仪器示值 MPE；

　　⑤引用数据或其他参量。

　　导致随机效应不确定度的分量：

　　①取样不确定度（包括取样代表性、试样均匀性、制样的重复性）；

　　②环境影响（包括环境体系控制和环境变化对被测量影响程度的认识）；

　　③被测量特性的重复性（包括仪器示值的重复性、人员操作的重复性、测量或测试程序的重复性等）。

　　不确定度来源的常用识别方法包括逐步分析法、数学模型因子分析法、综合分析法等。

　　逐步分析法是按方法标准的操作步骤逐步地分析。评估时应考虑所用仪器设备可能导致的测量结果不确定度，操作的重复性，环境条件的影响，标准（基准）物质的影响等每个细节可能产生的不确定度分量（可参照不确定度来源途径分类方法进行分析）。这种方法适用于经验检测方法，尤其适合输出量等于输入量的简单数学模型关系的检测方法。

　　数学模型因子分析法是根据建立的数学模型，其中每一个因子（在数学模型中用一个数学符号表示的量，包括输出量）都是重要的必须考虑的测量结果不确定度的一个分量（可参照输入量与输出量的因果关系分类方法进行分析），每一个分量都可以按逐步分析法继续分解为若干小分量。这种方法适用于输出量与输入量有完整的数学模型关系的检测方法（一般称为理论方法）。

　　综合分析法必须建立在大量的先验数据的基础上，亦称为先验分析法。譬如：引用方法精密度数据、方法整体偏差数据、能力验证数据、内部方法研究数据、质量核查数据及吻合的标准物质不确定度等。

测量不确定度的来源很多,正确地分析和识别测量不确定的来源在测量不确定度方面有非常重要的作用,也为准确分析测量不确定度打下良好的基础。

2. 不确定度模型建立

GUM 法评定测量不确定度通常是通过测量模型和不确定度传播律来评定。被测量的测量模型是指被测量与测量中涉及的所有已知量间的数学关系。模型化的程度与测量所需的准确度要求相应。测量中,当被测量 Y 由 N 个其他量 $X_1, X_2, \cdots, X_N$ 通过函数 f 来确定时,则式(5-2)称为测量模型:

$$Y = f(X_1, X_2, \cdots, X_N) \tag{5-2}$$

式中大写字母 X 表示量的符号,f 为测量函数的算法符号。

设输入量 X_i 的估计值为 x,被测量 Y 的估计值为 y,则测量模型可写成公式(5-3)的形式:

$$y = f(x_1, x_2, \cdots, x_N) \tag{5-3}$$

测量模型通常是根据测量原理、测量方法、测量程序或长期的实践经验确定和建立的。被测量为测量模型中的输出量,与被测量有关的其他量为测量模型的输入量。输出量 Y 的估计值 y 由各输入量 X_i 的估计值 x_i 按测量模型确定的函数关系 f 计算得到。

测量模型中的输入量可以是当前直接测量的量、由以前测量获得的量、由手册或其他资料得来的量或对被测量有明显影响的量。

当被测量 Y 由直接测量得到,且写不出各影响量与测得值的函数关系时,被测量的测量模型为 $Y=X$。通常用多次独立重复测量的算术平均值作为被测量的测量估计值,此时被测量的测量模型为 $Y=\overline{X}$。当被测量 Y 由直接测量得到,但其影响量与测得值之间有已知的函数关系时,应写出相应的测量模型。

5.2.5.2　评定输入量的标准不确定度

被测量 y 的不确定度取决于各输入量估计值 x_i 的不确定度,为此应首先评定各输入量估计值的标准不确定度 $u(x_i)$,其评定方法可以分为 A 类评定和 B 类评定,两类要得到测量结果,首先要确定数学模型中各输入量的最佳估计值。确定最佳估计值的方法一般有两类:通过实验测量得到其最佳估计值,或由其他各种信息来源得到其最佳估计值。对于前者,有可能采用 A 类评定的方法得到输入量的标准不确定度,而对于后者,则只能采用非统计的 B 类评定方法。

不确定度的 A 类评定是指"对在规定测量条件下测得的量值用统计分析的方法进行的测量不确定度分量的评定",根据测量不确定度的定义,标准不确定度以标准偏差表征。实际工作中则以实验标准差 s 作为其估计值。而不确定度的 B 类评定是指"用不同于测量不确定度 A 类评定的方法对测量不确定度分量进行的评定",也就是说,所有与 A 类评定不同的其他方法均属于不确定度的 B 类评定,它们的标准不确定度是基于经验或其他信息的假定概率分布估算的,也用标准差表征。

1. 标准不确定度的 A 类评定

对被测量 X,在同一条件下进行 n 次独立重复观测,得到观测值 $x_i (i=1, 2, \cdots, n)$。用由式(5-4)得到的算术平均值 $\bar{x}$ 作为被测量的估计值。

$$\bar{x} = \frac{1}{n} \sum_{i=1}^{n} x_i \tag{5-4}$$

由 A 类评定得到的被测量最佳估计值的标准不确定度 $u(x)$ 按公式(5-5)计算：

$$u(x) = u_A(x) = s(\bar{x}) = \frac{s(x_k)}{\sqrt{n}} \tag{5-5}$$

式中　　$s(x_k)$——用统计分析方法获得的任意单个测得值 x_k 的实验标准偏差；

$s(\bar{x})$——算术平均值 $\bar{x}$ 的实验标准偏差。

A 类评定得到的标准不确定度 $u(x)$ 的自由度就是实验标准偏差 $s(x_k)$ 的自由度。由式可见，$u(x)$ 与 $\sqrt{n}$ 几成反比，当标准不确定度较大时，可以通过适当增加测量次数减小其不确定度。根据 GUM4. 2. 3，为方便起见，有时把 $u^2(x_i) = s^2(\overline{X_i})$ 称为 A 类方差，而 $u(x_i) = s(\overline{X_i})$ 称为 A 类标准不确定度。

标准不确定度的 A 类评定的一般步骤如图 5-5 所示。

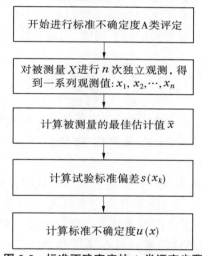

图 5-5　标准不确定度的 A 类评定步骤

1) 贝塞尔公式法

在进行 A 类评定时，应先对实验数据预处理，剔除离群值。根据定义用标准偏差表示不确定度称为标准不确定度，于是单次测量结果的标准不确定度采用贝塞尔公式法进行估计，其实验标准偏差 $s(x_k)$ 按公式(5-6)进行计算：

$$s(x_k) = \sqrt{\frac{\sum_{i=1}^{n} (x_i - \bar{x})^2}{n-1}} \tag{5-6}$$

增加重复测量次数对于减小平均值的实验标准偏差，提高测量的精密度有利。此时的自由度为 $v = n-1$（n 为测量次数）。

在实际测量中，如果采用 n 次测量结果的平均值作为测量结果的最佳估计值，此时平

均值 $\bar{x}$ 的实验标准偏差 $s(\bar{x})$ 可由单次测量的实验标准偏差 $s(x_k)$ 得到：

$$s(\bar{x}) = \frac{s(x_k)}{\sqrt{n}} = \sqrt{\frac{\sum_{i=1}^{n}(x_i - \bar{x})^2}{n(n-1)}} \qquad (5\text{-}7)$$

贝塞尔公式看似简单，但在实际的测量不确定度评定中却经常被错误地使用。经常有人想当然地将公式(5-6)误认为是 n 次测量平均值的标准不确定度，这样评定得到的标准不确定度偏大。但若在规范化的常规测量中采用公式(5-7)来计算标准不确定度，这在原则上是允许的，但必须确保今后在同类测量中所给的测量结果必须是 n 次测量的平均值。由于在这类常规测量中很少有重复测量 10 次或更多的情况，这使评定得到的测量不确定度偏小。由于需要评定的是输入量估计值的标准不确定度，因此首先要明确输入量估计值是如何得到的。若输入量估计值是单次测量的结果，则在不确定度评定中应采用单次测量的实验标准差 $s(x_k)$，若输入量估计值是两次测量结果的平均值，则在不确定度评定中应采用两次测量平均值的实验标准差，并以此类推。

若测量仪器比较稳定，则过去通过 n 次重复测量得到的单次测量实验标准差 $s(x_k)$ 可以保持相当长的时间不变，并可以在以后一段时间内的同类测量中直接采用该数据。此时，若所给测量结果是 m 次重复测量的平均值，则该平均值的实验标准差为：

$$s(\bar{x}) = \frac{s(x_k)}{\sqrt{m}} = \sqrt{\frac{\sum_{i=1}^{n}(x_i - \bar{x})^2}{m(n-1)}} \qquad (5\text{-}8)$$

式中　n——用以给出单次测量实验标准差 $s(x_k)$ 时的测量次数(一般要求 $n \geqslant 10$)；

　　　m——给出测量结果时所做的测量次数，即所给测量结果是 m 次测量结果的平均值(m 可以比较小)。

贝塞尔公式法是最常用的方法。在采用贝塞尔公式时，测量次数 n 不能太小，否则所得到的标准不确定度 $u(x_k) = s(x_k)$ 除本身会存在较大的不确定度外，还存在与测量次数 n 有关的系统误差，n 越小，其系统误差就越大。测量次数 n 究竟应该多大，应视测量的具体情况而定。当 A 类评定的不确定度分量在测量结果的合成标准不确定度中起主要作用时，n 不宜太小，最好不小于 10。反之，当 A 类评定的不确定度分量对合成标准不确定度的贡献较小时，n 稍小一些也不会有很大的影响，而当次数增大时，平均值的实验标准偏差减小渐为缓慢，当次数大于 10 时，平均值的实验标准偏差减小便不明显了，在进行起重机械日常的检验检测工作中，如果需要进行不确定度评价，则通常取测量次数为 5~10 为宜。

2) 极差法

当测量次数较少时，也可用极差法估计实验标准偏差，测得值中的最大值与最小值之差称为极差，用符号 R 表示，在 x_i 可以估计接近正态分布的前提下，单个测得值 x_k 的实验标准差 $s(x_k)$ 可按照公式(5-9)近似地估计：

$$s(x_k) = \frac{R}{C} \qquad (5\text{-}9)$$

式中　C——极差系数,有时也写成 C_n,下标 n 为测量次数。

极差系数 C 及用极差法估计的实验标准偏差的自由度 v 可查表 5-1 得到。

表 5-1　极差系数 C 及用极差法估计的实验标准偏差的自由度 v

n	2	3	4	5	6	7	8	9
C	1.13	1.69	2.06	2.33	2.53	2.70	2.85	2.97
v	0.9	1.8	2.7	3.6	4.5	5.3	6.0	6.8

在测量次数较少时,由极差法得到的标准偏差较贝塞尔公式法更为可靠。当被测量满足正态分布时,对用两种方法得到的标准偏差的相对标准不确定度进行计算,也可以证明当测量次数不大于 9 时,极差法将优于贝塞尔公式法。因此,通常使用极差法的测量次数以 4~9 次为宜。在测量次数较小时,贝塞尔公式法不如极差法可靠的主要原因是贝塞尔公式法给出的实验标准差 s 并不是标准偏差 σ 的无偏估计。

当测量次数较大时,极差法得到的标准偏差就不如贝塞尔公式法准确,显然这是由于极差法所采用的信息量较少的原因(仅采用了一个极大值和一个极小值)。此时采用极差法的优点仅是其计算简单。虽然当测量次数较少时,就得到的标准偏差而言,极差法将比贝塞尔公式法更为可靠。但这并不表示在测量不确定度评定中,极差法就优于贝塞尔公式法(即使在测量次数较少的情况下)。

例如,对电动单梁起重机主梁的上拱度进行测量,测量方法采用水准仪测量,将水准仪放在适当位置后调平,配合塔尺标高进行相应位置高度测量,计算得出拱度值。

采用水准仪配合塔尺进行了 5 次重复测量,测量数据并进行计算后得到结果如表 5-2 所示。

表 5-2　水准仪配合塔尺测量数据　　　　　　　　　　　　（单位:mm）

序号	端点 A	中间点 B	端点 C	上拱度
1	255.4	264.0	221.5	25.6
2	257.0	263.5	221.0	24.5
3	256.8	263.2	222.0	23.8
4	256.9	263.5	221.8	24.2
5	256.7	263.0	221.5	23.9
平均	256.56	263.44	221.56	24.4

对测量结果进行不确定度评定,测量次数为 5 次,考虑到测量次数较少,可以使用极差法进行评定,此时 $n=5$,极差 $R=1.8$ mm,查表 5-1 得到极差系数 C 为 2.33,则被测量估计值的标准不确定度为:

$$u(x) = \frac{s(x_k)}{\sqrt{n}} = \frac{R}{C\sqrt{n}} = \frac{1.8 \text{ mm}}{2.33 \times \sqrt{5}} = 0.345 \text{ mm}$$

自由度 $v=3.6$。

如果采用贝塞尔公式法进行评定,计算得到被测量估计值的标准不确定度为:

$$u(x) = s(\bar{x}) = \frac{s(x_k)}{\sqrt{n}} = \sqrt{\frac{\sum_{i=1}^{n}(x_i - \bar{x})^2}{n(n-1)}} = \sqrt{\frac{\sum_{i=1}^{n}(x_i - 24.4)^2}{5 \times (5-1)}} = 0.324 \text{ mm}$$

此时实验标准偏差的自由度为 $v=4$,极差法的自由度接近贝塞尔公式法,即估计的标准偏差的不确定度仅略大于贝塞尔公式法,而极差法的最大优点是使用起来比较简便,因此通常在测量次数较少(例如≤6)时使用,当测量次数为 9 次时,采用贝塞尔公式法的自由度 $v=8$,而极差法 $v=6.8$,两者差距加大,采用贝塞尔公式法的标准不确定度的可信度更高。如果数据的概率分布偏离正态分布时,也应以贝塞尔公式法的结果为准。

2. 标准不确定度的 B 类评定

B 类评定是用非统计的方法将不确定度组分转化为标准偏差,用估计的标准偏差表征。

如实验室中的测量仪器不准确、量具磨损老化等,要估计适当,需要确定分布规律,同时要参照标准,更需要估计者的实践经验、学识水平等。

B 类评定不用统计方法,而是利用与被测量有关的其他先验信息进行判断。因此,先验信息极为重要。常用的先验信息来源有:以前的测量数据,校准证书、检定证书、测试报告及其他证书文件,生产厂家的技术说明书,引用的手册或文件中给出的参考数据及不确定度值,测量经验、仪器特性和其他有关材料等。

借助于可以利用的有关信息,判断被测量可能值区间 $[\bar{x}-a, \bar{x}+a]$,假设被测量值的概率分布,根据概率分布和要求的概率 p 确定 k 的值,进行 B 类评定的标准不确定度 $u(x)$ 可以由公式(5-10)计算得到:

$$u(x) = uB(x) = \frac{a}{k} \tag{5-10}$$

式中　a——被测量可能值区间的半宽度;

　　　k——置信因子或包含因子。

当 k 值用来进行扩展不确定度运算时,被称为包含因子。在进行起重机检验过程中,最容易得到也是最重要的一个信息就是仪器设备的检定证书或校准证书,在证书中通常均给出测量结果的扩展不确定度等信息。给出被测量 x 的扩展不确定度 $U(x)$ 和包含因子 k,扩展不确定度的含义就是指被测量值的包含区间的半宽度,也就是说,区间半宽度 $a=U(x)$,根据扩展不确定度和标准不确定度之间的关系,也可以直接得到被测量 x 的标准不确定度如下:

$$u(x) = \frac{U(x)}{k} \tag{5-11}$$

例如:进行起重机板材厚度测量时,用到的 SW7 型超声波测厚仪,最大测量范围 $s=400$ mm,显示精度为 0.01 mm,校准证书中给出的扩展不确定度 $U=0.1$ mm,扩展因子为 2,则其标准不确定度为:

$$u(s) = \frac{U(s)}{k} = \frac{0.1 \text{ mm}}{2} = 0.05 \text{ mm}$$

因而标准不确定度 B 类评定的一般步骤如图 5-6 所示。

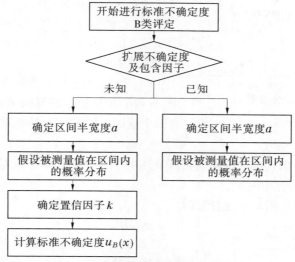

图 5-6　标准不确定度的 B 类评定步骤

对于其中区间半宽度、概率分布及 k 值的确定进行重点说明：

1）确定区间半宽度 a

在起重机械检测项目中，输入区间半宽度一般是对称的，此时区间半宽度 a 是根据可以获得的有关的信息直接进行确定，例如仪器的最大允许误差为 ±MPE，可能值区间的半宽度为 $a=MPE$；仪器或实物量具给出准确度等级时，可以按检定规程所规定的该等级的最大允许误差得到对应区间的半宽度；校准证书提供扩展不确定度为 U，区间的半宽度为 $a=U$；由手册资料等查询得到该数据的误差限位 ±MPE，则区间的半宽度为 $a=MPE$；也可以根据过往经验或采用实验验证等方式来对区间半宽度的数值进行估计。

2）假设概率分布

概率分布是单位区间内测得值出现的概率随测得值大小的分布情况，概率分布一般也可以用分布函数或概率密度函数的形式表示，随机变量在整个集合中取值的概率等于 1，只有在概率分布确定之后才能利用概率分布函数计算得到其方差和标准偏差，从而得到对应于该分布的包含因子 k 值。

对于各种不同的具体情况，给出最常见的几种情况下输入量的概率密度分布：

a. 正态（高斯）分布

正态又称为常态分布或高斯分布，其分布如图 5-7 所示，它的概率密度函数为：

$$p(x) = \frac{1}{\sigma\sqrt{2\pi}} e^{\frac{-(x-u)^2}{2\sigma^2}} \quad (-\infty < x < +\infty) \tag{5-12}$$

式中　u——X 的期望；

　　　σ——标准偏差。

在下述情况时，考虑将其分布近似估计为正态分布：

（1）在重复性或复现性条件下多次测量的算术平均值的分布；

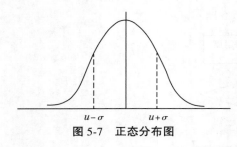

图 5-7　正态分布图

（2）若给出被测量 Y 的扩展不确定度 U_p，并对其分布没有特殊注明时；

（3）若被测量 Y 的合成标准不确定度 $u_c(y)$ 中相互独立的分量 $u_i(y)$ 较多，并且它们之间的大小也比较接近时；

（4）若被测量 Y 的合成标准不确定度 $u_c(y)$ 中，有两个相互独立的界限值接近的三角分布，或有四个或四个以上相互独立的界限值接近的均匀分布时；

（5）若被测量 Y 的合成标准不确定度 $u_c(y)$ 的相互独立分量中，量值较大且起决定性作用的分量接近正态分布时；

（6）当所有分量均满足正态分布时。

b. 均匀分布

均匀分布称为等概率分布，也称为矩形分布，其分布如图 5-8 所示，它的概率密度函数为：

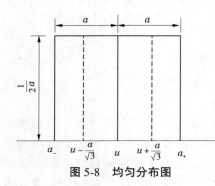

图 5-8　均匀分布图

$$p(x) = \begin{cases} \dfrac{1}{a_+ - a_-} & (a_- \leqslant x \leqslant a_+) \\ 0 & (x < a_- \text{ 或 } x > a_+) \end{cases} \qquad (5\text{-}13)$$

式中　a_- 和 a_+——均匀分布的下限和上限，当对称分布时，可以用 a 表示矩形分布的区间半宽度，即 $a = (a_+ - a_-)/2$，均匀分布的标准偏差为：

$$\sigma(x) = \frac{a}{\sqrt{3}}$$

在下述情况时，考虑将其分布近似估计为均匀分布：

（1）数据修约导致的不确定度；

（2）数字式测量仪器的分辨力导致的不确定度；

（3）测量仪器的滞后或摩擦效应导致的不确定度；

（4）按级使用的数字式仪表及测量仪器的最大允许误差导致的不确定度；

（5）用上、下界给出的材料的线膨胀系数；

（6）测量仪器的度盘或齿轮的回差引起的不确定度；

（7）平衡指示器调零不准导致的不确定度；

（8）如果对影响量的分布情况没有任何信息时，则较合理的估计是将其近似看作为矩形分布。（此时也可以对该分布作比较保守的估计，例如若仅已知不是三角分布，则可假设为矩形分布或反正弦分布；若仅已知不是矩形分布，则假设为反正弦分布。因反正弦分布的 k 最小，此时得到的 u 最大，故反正弦分布是最保守的假设。）

c. 三角分布

三角分布呈三角形,其分布如图 5-9 所示,它的概率密度函数为:

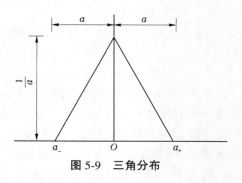

$$p(x) = \begin{cases} \dfrac{a+x}{a^2} & (-a \leqslant x < 0) \\[2mm] \dfrac{a-x}{a^2} & (0 \leqslant x \leqslant +a) \end{cases} \qquad (5\text{-}14)$$

图 5-9　三角分布

式中　a——概率分布置信区间的半宽度。

三角分布的标准偏差为:

$$\sigma(x) = \frac{a}{\sqrt{6}} \qquad (5\text{-}15)$$

除上述三种分布外,还包括有梯形分布、反正弦分布、两点分布等,这里就不再一一陈述。

3) k 值的确定

(1) 已知扩展不确定度是合成标准不确定度的若干倍,则该倍数就是包含因子 k,例如对于扩展不确定度 $U = 0.1\ g(k=2)$ 的,则进行 B 类评定时的 k 值为 2。

(2) 根据已知信息,假设其概率分布为正态分布时,根据表 5-3 即可查询得到 k 值。

表 5-3　正态分布的置信因子 k 与概率 p 的关系

p	0.50	0.90	0.95	0.99	0.997 3
k	0.675	1.645	1.960	2.576	3

若假设其概率分布为非正态分布,则根据表 5-4 可查询得到 k 值。

表 5-4　几种非正态概率分布的置信因子 k

概率分布	均匀	三角	反正弦	梯形	两点
$k(p=100\%)$	$\sqrt{3}$	$\sqrt{6}$	$\sqrt{2}$	$\sqrt{6}/(1+\beta^2)$	1

5.2.5.3　计算合成不确定度

当被测量 Y 由 N 个其他量 $X_1, X_2, \cdots, X_N$ 通过线性测量函数 f 确定时,被测量的估计值 y 为:

$$y = f(x_1, x_2, \cdots, x_N)$$

被测量的估计值 y 的合成标准不确定度 $u_c(y)$ 按式 (5-16) 计算:

$$u_c(y) = \sqrt{\sum_{i=1}^{N} \left[\frac{\partial f}{\partial x_i}\right]^2 u^2(x_i) + 2\sum_{i=1}^{N-1}\sum_{j=i+1}^{N} \frac{\partial f}{\partial x_i}\frac{\partial f}{\partial x_j} r(x_i, x_j) u(x_i) u(x_j)} \qquad (5\text{-}16)$$

式中　y——被测量 Y 的估计值,又称输出量的估计值;

x_i——输入量 X_i 的估计值,又称第 i 个输入量的估计值;

$\dfrac{\partial f}{\partial x_i}$——被测量 Y 与有关的输入量 X_i 之间的函数对于输入量 x_i 的偏导数,称为灵

敏系数;

$u(x_i)$——输入量 x_i 的标准不确定度;

$r(x_i, x_j)$——输入量 x_i 与 x_j 的相关系数,$r(x_i, x_j)u(x_i)u(x_j) = u(x_i, x_j)$;

$u(x_i, x_j)$——输入量 x_i 与 x_j 的协方差。

其中,灵敏系数通常是对测量函数 f 在 $X_i = x_i$ 处取偏导得到,也可用 c_i 表示。灵敏系数是一个有符号有单位的量值,表明了输入量 x_i 的不确定度 $u(x_i)$ 影响被测量估计值的不确定度 $u_c(x_i)$ 的灵敏程度。也就是说,其反映了输出量 Y 的估计值 y 随输入量 x_i 的变化而变化,即描述当 x_i 变化一个单位时,引起的 y 的变化量(x_i 对 y 产生的影响程度)。有些情况下,灵敏系数难以通过函数 f 计算得到,可以用试验确定,即采用变化一个特定的 x_i,测量出由此引起的 y 的变化量。

式(5-16)被称为不确定度传播律,是计算合成标准不确定度的通用公式。

当输入量相关时,需要考虑它们的协方差。当各输入量间均不相关时,相关系数为零,此时被测量的估计值 y 的合成标准不确定度 $u_c(y)$ 可按式(5-17)计算:

$$u_c(y) = \sqrt{\sum_{i=1}^{N} \left[\frac{\partial f}{\partial x_i}\right]^2 u^2(x_i)} \tag{5-17}$$

对于每一个输入量的标准不确定度 $u_c(x_i)$,设 $u_i(y) = \frac{\partial f}{\partial x_i}u(x_i)$,$u_i(y)$ 为相应于 $u(x_i)$ 的输出量 y 的标准不确定度分量。当输入量间不相关,即 $r(x_i, x_j) = 0$ 时,则公式(5-17)可简化为下式:

$$u_c(y) = \sqrt{\sum_{i=1}^{N} u_i^2(y)} \tag{5-18}$$

如果被测量 X 是由测量仪器直接测量,其被测量与影响量间写不出函数关系,测量模型为 $y = x$ 时,经过不确定度分析,有明显影响的不确定度来源有 N 个,也就是判定有 N 个不确定度分量 u_i,且各不确定度分量间不相关,各个不确定度分量影响被测量估计值的灵敏程度可以假定为一样,则合成标准不确定度 u_c 可按式(5-19)计算:

$$u_c(y) = \sqrt{\sum_{i=1}^{N} u_i^2} \tag{5-19}$$

式中　u_i——第 i 个标准不确定度分量;

　　　N——标准不确定度分量的数量。

上述就是在实际评定工作时对不确定度传播律公式的几种简化形式,已知被测量的测量模型的表达式时,求出灵敏度系数并计算输出量的标准不确定度分量,再根据分量间的相关性做进一步求解。

5.2.5.4　确定扩展不确定度

扩展不确定度的符号一般用 U 表示,该值既是合成标准测量不确定度与一个大于1的数字因子的乘积,扩展不确定度也可以理解为是被测量可能值包含区间的半宽度,可以按照公式(5-20)求得:

$$U = ku_c \tag{5-20}$$

式中　k——包含因子;

u_c——合成标准不确定度。

测量结果可以用式(5-21)表示：

$$Y = y \pm U \tag{5-21}$$

式中　y——被测量 Y 的最佳估计值。

被测量 Y 的可能值会以较高的包含概率落在 $[y-U,y+U]$ 区间内,扩展不确定度 U 就是该区间的半宽度,包含因子 k 是根据公式(5-20)所确定的区间需要具有的包含概率来进行选取的,k 值一般选取 2 或 3,在正态分布情况下,当 $k=2$ 时,所确定的区间具有的包含概率约为 95%;当 $k=3$ 时,所确定的区间具有的包含概率约为 99%。

在实际应用中,一般可以取 $k=2$,虽然取的 k 值越大,可信度提高了,但意味着要使不确定度符合需求所花费的资金和人力就越高。在工程和日常应用时,包含概率在 95% 左右就足够了。为了使所有给出的测量结果之间能够方便地相互比较,国际上约定采用 $k=2$。美国标准技术研究院(NST)和西欧一些国家也规定,一般情况下取 $k=2$,且未注明 k 值时是指 $k=2$。

5.2.5.5　报告测量结果

在完成起重机械相关参数的检测项目后,对数据进行整理得到测量结果的报告,完整的测量报告一般会包括被测量的估计值及其测量不确定度和有关的信息。报告应尽可能详细,以便使用者可以正确地利用测量结果。只有对某些用途,如果认为测量不确定度可以忽略不计,则测量结果可表示为单个测得值,不需要报告其测量不确定度。在进行基础计量学研究、基本的物理常量测量、复现国际单位制单位的国际比对时,通常使用合成标准不确定度 $u_c(y)$,必要时给出其有效自由度 v_{eff},除此之外的情况下,通常在报告测量结果时都用扩展不确定度表示。

测量不确定度报告一般包括以下内容：

(1)被测量的测量模型；

(2)不确定度来源；

(3)输入量的标准不确定度的值及其评定方法和评定过程；

(4)灵敏系数；

(5)输出量的不确定度分量,必要时给出各分量的自由度；

(6)对所有相关的输入量给出其协方差或相关系数；

(7)合成标准不确定度及其计算过程,必要时给出有效自由度；

(8)扩展不确定度及其确定方法；

(9)报告测量结果,包括被测量的估计值及其测量不确定度。

通常测量不确定度报告除文字说明外,必要时可将上述主要内容和数据列成表格。

当用合成标准不确定度报告测量结果时,应：

(1)明确说明被测量的定义；

(2)给出被测量 Y 的估计值 y、合成标准不确定度及其计量单位,必要时给出有效自由度；

(3)必要时也可给出相对标准不确定度。

以桥式起重机主梁跨度测量为例,介绍测量不确定度的表示方法,例如主梁的跨度为

S,经过测量后得到其最佳估计值为 21 005.37 mm,合成标准不确定度为 $u_c(S)=0.25$ mm,取包含因子 $k=2$,则 $U=2\times0.25$ mm=0.50 mm。

合成标准不确定度 $u_c(y)$ 的报告可用以下三种形式之一:

(1)$S=21\ 005.37$ mm;合成标准不确定度 $u_c(S)=0.25$ mm。

(2)$S=21\ 005.37\ (25)$ mm;括号内的数是合成标准不确定度的值,其末位与前面结果内末位数对齐。

(3)$S=21\ 005.37\ (0.25)$ mm;括号内是合成标准不确定度的值,与前面结果有相同计量单位。

第(2)种形式常用于公布常数、常量。

当用扩展不确定度报告测量结果的不确定度时,应明确说明被测量的定义,并给出被测量的估计值及其扩展不确定度,包括计量单位;必要时也可给出相对扩展不确定度,此外对扩展不确定度应给出 k 值。

$U=ku_c(y)$ 的报告可以采用以下四种形式之一:

(1)$S=21\ 005.37$ mm,$U=0.50$ mm;$k=2$。

(2)$S=(21\ 005.37\pm0.50)$ mm;$k=2$。

(3)$S=21\ 005.37\ (50)$ mm;括号内为 $k=2$ 时的 U 值,其末位与前面结果内末位数对齐。

(4)$S=21\ 005.37\ (0.50)$ mm;括号内为 $k=2$ 时的 U 值,与前面结果有相同计量单位。

在进行报告不确定度时,还应当注意以下内容:

(1)相对不确定度的表示应通过加下标 r 或 rel 进行区分,如相对扩展不确定度表示为 U_r 或 U_{rel}。

(2)不确定度单独标示的时候,不应当加"±"号,例如 $U=0.50$ mm,不应当表示成 $U=\pm0.50$ mm。

(3)不带形容词的"不确定度"或"测量不确定度"用于一般概念性的叙述。当定量表示某一被测量估计值的不确定度时,要说明是"合成标准不确定度"还是"扩展不确定度"。

(4)在给出合成标准不确定度时,不必说明包含因子 k 或包含概率 p。

5.2.5.6　其他不确定度评价方法介绍

总的来说,GUM 不确定度评定基本方法包括 A 类评定方法和 B 类评定方法。A 类评定方法是指将测量数据通过统计分布分析方法,得到其概率密度函数,以标准差对测量不确定度分量进行量化表示。B 类评定方法是指基于对先前测量数据、经验或资料的分析、有关仪器和装置的一般知识、由仪器使用手册提供的参考数据、制造说明书和检定证书或其他报告所提供的数据等对不确定度进行评定,此类方法需要根据实际情况对测量值的分布进行假设,当前不确定度评定通常基于 GUM 所提供的简化方法,可以解决绝大部分起重机械检测工作中遇到的问题。

除 GUM 法评定外,随着不确定度研究的开展,逐渐发展出了各种现代不确定度评定方法,例如蒙特卡洛评定方法、模糊理论不确定度评定方法等、灰色理论不确定度评定方法。

　　蒙特卡洛评定方法能够通过大量的简单随机抽样确定随机数据的模型；此方法不需要已知测量数据的分布类型，可利用计算机进行数值模拟，操作简便且易于实现。不确定度是具有概率分布的统计量，采用蒙特卡罗评定方法获得的合成不确定度，能够有效处理测量数据不易测得或不易大量获得的情况，且更加容易真实地模拟随机过程；基于蒙特卡罗评定方法合成不确定度，首先需要根据具体的测量过程建立模型，利用 MATLAB 在计算机上编程来实现各个输入量的模拟随机抽样，并计算所得模拟输出量作为测量的样本信息，最终确定模拟样本的分布类型并计算其合成不确定度；在解决一些较复杂测量系统问题时，若想要提高评定精度，需要增加模拟次数。

　　模糊理论不确定度评定方法适用于复杂测量系统，尤其适用于无法用统计理论定量表达的具有模糊特性的系统；这种方法可以解决测量数据很少的不确定度评定问题，无需评定标准不确定度，即可以直接获得某个水平下的扩展不确定度。

　　灰色理论不确定度评定方法对样本量要求较低，不需要已知动态系统测量数据分布类型，既适用于统计不确定度问题，也适用于非统计不确定度评定问题，尤其适用于小测量样本或统计规律难以确定的测量系统，因此适用范围非常广泛，运算简便，具有很强的实用价值。

　　这些方法除了针对起重机械的一些特定参数的检测技术研究时才可能会用到，由于其评定过程的复杂性，在进行一般性检验检测工作中极少应用，仅对其做简要介绍，这里不再赘述。

参考文献

[1] 刘爱国.桥架型起重机质量检验[M].郑州:河南科学技术出版社,2017.

[2] 文豪.起重机械 第1版[M].北京:机械工业出版社,2013.

[3] 范巧成.计量基础知识 第3版[M].北京:中国计量出版社,2014.

[4] 叶德培.测量不确定度理解评定与应用[M].北京:中国质检出版社,2013.

[5] 李娟娟,贾森,马小芳.基于振动的减速机轴承故障诊断试验台研制[J].河南科技,2019(22):82-85.

[6] 李娟娟,贾森,张丽丽.基于振动的钢丝绳电动葫芦在线检测与评价[J].河南科技,2018(34):43-45.

[7] GB/T 6075.1—2012 机械振动 在非旋转部件上测量评价机器的振动 第1部分:总则[S].北京:中国标准出版社,2012.

[8] GB/T 6075.3—2001 机械振动 在非旋转部件上测量评价机器的振动 第3部分:额定功率大于15 kW 额定转速在 120 r/min 至 15 000 r/min 之间的在现场测量的工业机器[S].北京:中国标准出版社,2010.

[9] 王国防.节能型电动葫芦综合试验台研制及能效测试不确定度分析[D].郑州大学,2016.

[10] 范百兴,等.激光跟踪仪测量原理与应用[M].北京:测绘出版社,2017.

[11] 贾森,杜鑫,王波翔.起重机械移动综合检测平台的研制开发[J].起重运输机械,2022(2):47-50.

[12] 张瀚闻,苏锡辉,那宏坤.移动实验室及其发展 应用篇(下)[J].品牌与标准化,2016(6):46-51.

[13] 张永臣,周彤.移动实验室的发展现状及对策分析[J].中国检验检测,2022,30(01):63-64,67.

[14] 倪育才.实用测量不确定度评定[M].北京:中国标准出版社,2020.

[15] GB 6067.1—2010 起重机械安全规程 第1部分:总则[S].北京:中国标准出版社,2010.

[16] GB/T 6067.5—2014 起重机械安全规程 第5部分:桥式和门式起重机[S].北京:中国标准出版社,2014.

[17] GB/T 14405—2011 通用桥式起重机[S].北京:中国标准出版社,2011.

[18] GB/T 14406—2011 通用门式起重机[S].北京:中国标准出版社,2011.

[19] GB/T 3811—2008 起重机设计规范[S].北京:中国标准出版社,2008.

[20] GB/T 6974.1—2008 起重机 术语 第1部分:通用术语[S].北京:中国标准出版社,2008.

[21] GB/T 5905—2011 起重机 试验规范和程序[S].北京:中国标准出版社,2011.

[22] GB/T 27025—2019 检测和校准实验室能力的通用要求[S].北京:中国标准出版社,2019.